中国智能城市建设与推进战略研究丛书
Strategic Research on Construction and
Promotion of China's iCity

国家出版基金项目
NATIONAL PUBLICATION FOUNDATION

中国
智能城市环境
发展战略研究

中国智能城市建设与推进战略研究项目组 编

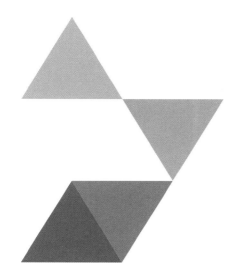

ZHEJIANG UNIVERSITY PRESS
浙江大学出版社

图书在版编目（CIP）数据

中国智能城市环境发展战略研究 / 中国智能城市建
设与推进战略研究项目组编.—杭州： 浙江大学出版社，
2016.4

（中国智能城市建设与推进战略研究丛书）

ISBN 978-7-308-15798-8

Ⅰ．①中… Ⅱ．①中… Ⅲ．①现代化城市—城市环境
—发展战略—研究—中国 Ⅳ．①X321.2

中国版本图书馆CIP数据核字(2016)第089971号

中国智能城市环境发展战略研究

中国智能城市建设与推进战略研究项目组　编

出 品 人	鲁东明	
策　　划	徐有智　许佳颖	
责任编辑	陈慧慧　许佳颖	
责任校对	潘晶晶	
装帧设计	俞亚彤	
出版发行	浙江大学出版社	
	（杭州市天目山路148号　　邮政编码　310007）	
	（网址：http://www.zjupress.com）	
排　　版	杭州林智广告有限公司	
印　　刷	浙江印刷集团有限公司	
开　　本	710mm×1000mm　1/16	
印　　张	13.75	
字　　数	203千	
版 印 次	2016年4月第1版　2016年4月第1次印刷	
书　　号	ISBN 978-7-308-15798-8	
定　　价	68.00元	

"中国智能城市环境发展战略研究"课题组成员

课题组组长

孟　伟	中国环境科学研究院	院士、院长

课题组成员

任阵海	中国环境科学研究院	院士
金鉴明	中国环境科学研究院	院士
刘鸿亮	中国环境科学研究院	院士
段　宁	中国环境科学研究院	院士
王　桥	环境保护部卫星环境应用中心	研究员、副主任
王业耀	中国环境监测总站	研究员、副站长
舒俭民	中国环境科学研究院	研究员、副院长
郑丙辉	中国环境科学研究院	研究员、副院长
李发生	中国环境科学研究院	研究员、总工程师

课题执笔组

黄启飞	中国环境科学研究院	研究员、副所长
高兴保	中国环境科学研究院	副研究员
方　利	中国环境科学研究院	副研究员
聂志强	中国环境科学研究院	博士后
赵艳民	中国环境科学研究院	副研究员
刘伟玲	中国环境科学研究院	副研究员

张　倩	中国环境科学研究院	助理研究员
何友江	中国环境科学研究院	副研究员
任岩军	中国环境科学研究院	副研究员
杨　文	中国环境科学研究院	助理研究员
王文杰	中国环境科学研究院	研究员、所长
白志鹏	中国环境科学研究院	研究员、副所长
张林波	中国环境科学研究院	研究员、所长
孟　凡	中国环境科学研究院	研究员、所长
秦延文	中国环境科学研究院	研究员
雷　坤	中国环境科学研究院	研究员
谷庆宝	中国环境科学研究院	研究员

课题组办公室

高兴保	中国环境科学研究院	副研究员

序

  "中国智能城市建设与推进战略研究丛书"，是由 47 位院士和 180 多名专家经过两年多的深入调研、研究与分析，在中国工程院重大咨询研究项目"中国智能城市建设与推进战略研究"的基础上，将研究成果汇总整理后出版的。这套系列丛书共分 14 册，其中综合卷 1 册，分卷 13 册，由浙江大学出版社陆续出版。综合卷主要围绕我国未来城市智能化发展中，如何开展具有中国特色的智能城市建设与推进，进行了比较系统的论述；分卷主要从城市经济、科技、文化、教育与管理，城市空间组织模式、智能交通与物流，智能电网与能源网，智能制造与设计，知识中心与信息处理，智能信息网络，智能建筑与家居，智能医疗卫生，城市安全，城市环境，智能商务与金融，智能城市时空信息基础设施，智能城市评价指标体系等方面，对智能城市建设与推进工作进行了论述。

  作为"中国智能城市建设与推进战略研究"项目组的顾问，我参加过多次项目组的研究会议，也提出一些"管见"。总体来看，我认为在项目组组长潘云鹤院士的领导下，"中国智能城市建设与推进战略研究"取得了重大的进展，其具体成果主要有以下几个方面。

  20 世纪 90 年代，世界信息化时代开启，城市也逐渐从传统的二元空间向三元空间发展。这里所说的第一元空间是指物理空间（P），由城市所处物理环境和城市物质组成；第二元空间指人类社会空间（H），即人类决策与社会交往空间；第三元空间指赛博空间（C），即计算机和互联网组成的"网络信息"空间。城市智能化是世界各国城市发展的大势所趋，只是各国城市发展阶段不同、内容不同而已。目前国内外提出的"智慧城市"建设，主要集中于第三元空间的营造，而我国城市智能化应该是"三元空间"彼此协调，使规划与产业、生活与社交、社会公共服务三者彼此交融、相互促进，应该是超越现有电子政务、数字城市、网络城市和智慧城市建设的理念。

新技术革命将促进城市智能化时代的到来。关于新技术革命，当今世界有"第二经济""第三次工业革命""工业 4.0""第五次产业革命"等论述。而落实到城市，新技术革命的特征是：使新一代传感器技术、互联网技术、大数据技术和工程技术知识融入城市的各系统，形成城市建设、城市经济、城市管理和公共服务的升级发展，由此迎来城市智能化发展的新时代。如果将中国的城镇化（城市化）与新技术革命有机联系在一起，不仅可以促进中国城市智能化进程的良性健康发展，还能促使更多新技术的诞生。中国无疑应积极参与这一进程，并对世界经济和科技的发展作出更巨大的贡献。

用"智能城市"（Intelligent City，iCity）来替代"智慧城市"（Smart City）的表述，是经过项目组反复推敲和考虑的。其原因是：首先，西方发达国家已完成城镇化、工业化和农业现代化，他们所指的智慧城市的主要任务局限于政府管理与服务的智能化，而且其城市管理者的行政职能与我国市长的相比要狭窄得多；其次，我国正处于工业化、信息化、城镇化和农业现代化"四化"同步发展阶段，遇到的困惑与问题在质和量上都有其独特性，所以中国城市智能化发展路径必然与欧美有所不同，仅从发达国家的角度解读智慧城市，将这一概念搬到中国，难以解决中国城市面临的诸多发展问题。因而，项目组提出了"智能城市"（iCity）的表述，希冀能更符合中国的国情。

智能城市建设与推进对我国当今经济社会发展具有深远意义。智能城市建设与推进恰好处于"四化"交汇体上，其意义主要有以下几个方面。一是可作为"四化"同步发展的基本平台，成为我国经济社会发展的重要抓手，避免"中等收入陷阱"，走出一条具有中国特色的新型城镇化（城市化）发展之路。二是把智能城市作为重要基础（点），可促进"一带一路"（线）和新型区域（面）的发展，构成"点、线、面"的合理发展布局。三是有利于推动制造业及其服务业的结构升级与变革，实现城市产业向集约型转变，使物质增速减慢，价值增速加快，附加值提高；有利于各种电子商务、大数据、云计算、物联网技术的运用与集成，实现信息与网络技术"宽带、泛在、

移动、融合、安全、绿色"发展，促进城市产业效率的提高，形成新的生产要素与新的业态，为创业、就业创造新条件。四是从有限信息的简单、线性决策发展到城市综合系统信息的网络化、优化决策，从而帮助政府提高城市管理服务水平，促进深化城市行政体制改革与发展。五是运用新技术使城市建筑、道路、交通、能源、资源、环境等规划得到优化及改善，提高要素使用效率；使城市历史、地貌、本土文化等得到进一步保护、传承、发展与升华；实现市民健康管理从理念走向现实等。六是可以发现和培养一批适应新技术革命趋势的城市规划师、管理专家、高层次科学家、数据科学与安全专家、工程技术专家等；吸取过去的经验与教训，重视智能城市运营、维护中的再创新（Renovation），可以集中力量培养一批基数庞大、既懂理论又懂实践的城市各种功能运营维护工程师和技术人员，从依靠人口红利，逐渐转向依靠知识与人才红利，支撑我国城市智能化健康、可持续发展。

综上所述，"中国智能城市建设与推进战略研究丛书"内容丰富、观点鲜明，所提出的发展目标、途径、策略与建议合理且具可操作性。我认为，这套丛书是具有较高参考价值的城市管理创新与发展研究的文献，对我国新型城镇化的发展具有重要的理论意义和应用实践价值。相信社会各界读者在阅读后，会有很多新的启发与收获。希望本丛书能激发大家参与智能城市建设的热情，从而提出更多的思考与独到的见解。

我国是一个历史悠久、农业人口众多的发展中国家，正致力于经济社会又好又快又省的发展和新型城镇化建设。我深信，"中国智能城市建设与推进战略研究丛书"的出版，将对此起到积极的、具有正能量的推动作用。让我们为实现伟大的"中国梦"而共同努力奋斗！

是以为序！

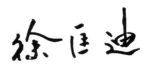

2015 年 1 月 12 日

前　言

　　2008 年，IBM 提出了"智慧地球"的概念，其中"Smart City"即"智慧城市"是其组成部分之一，主要指 3I，即度量（Instrumented）、联通（Interconnected）、智能（Intelligent），目标是落实到公司的"解决方案"，如智慧的交通、医疗、政府服务、监控、电网、水务等项目。

　　2009 年年初，美国总统奥巴马公开肯定 IBM 的"智慧地球"理念。2012 年 12 月，美国国家情报委员会（National Intelligence Council）发布的《全球趋势 2030》指出，对全球经济发展最具影响力的四类技术是信息技术、自动化和制造技术、资源技术以及健康技术，其中"智慧城市"是信息技术内容之一。《2030 年展望：美国应对未来技术革命战略》报告指出，世界正处在下一场重大技术变革的风口浪尖上，以制造技术、新能源、智慧城市为代表的"第三次工业革命"将在塑造未来政治、经济和社会发展趋势方面产生重要影响。

　　在实施《"i2010"战略》后，2011 年 5 月，欧盟 Net!Works 论坛出台了 *Smart Cities Applications and Requirements* 白皮书，强调低碳、环保、绿色发展。之后，欧盟表示将"Smart City"作为第八期科研架构计划（Eighth Framework Programme，FP8）重点发展内容。

　　2009 年 8 月，IBM 发布了《智慧地球赢在中国》计划书，为中国打造六大智慧解决方案：智慧电力、智慧医疗、智慧城市、智慧交通、智慧供应链和智慧银行。2009 年，"智慧城市"陆续在我国各层面展开，截至 2013 年 9 月，我国总计有 311 个城市在建或欲建智慧城市。

　　中国工程院曾在 2010 年对"智慧城市"建设开展过研究，认为当前我国城市发展已经到了一个关键的转型期，但由于国情不同，"智慧城市"建设在我国还存在一定问题。为此，中国工程院于 2012 年 2 月启动了重大咨询研究项目"中国智能城市建设与推进战略研究"。自项目开展以来，很多城市领导和学者都表现出浓厚的兴趣，希望投身到智能城市建设的研究与实践中来。在各界人士的大力支持以及中国工程院"中国智能城市建设与推进战略研究"项目组院士和专家们的努力下，我们融合了三方面的研究力量：国家有关部委（如国家发改委、工信部、住房和城乡建设部等）专家，典型城市（如北京、武汉、西安、上海、宁波等）专家，中国工程院信息与电子工程学部、能源与矿业工程学部、环境与轻纺工程学部、工程管理学部以及土木、水利与建筑工程学部等学部的 47 位院士及 180 多位专家。研究项目分设了 13 个课题组，涉及城市基础建设、信息、产业、管理等方面。另外，项目还设 1 个综合组，主要任务是在 13 个课题组的研究成果基础上，综合凝练形成"中国智能城市建设与推进战略研究丛书"综合卷。

两年多来，研究团队经过深入现场考察与调研、与国内外专家学者开展论坛和交流、与国家主管部门和地方主管部门相关负责同志座谈以及团队自身研究与分析等，已形成了一些研究成果和研究综合报告。研究中，我们提出了在我国开展智能城市（Intelligent City，iCity）建设与推进会更加适合中国国情。智能城市建设将成为我国深化体制改革与发展的促进剂，成为我国经济社会发展和实现"中国梦"的有力抓手。

目 录
CONTENTS

第4章　我国智能城市环境发展的重点建设内容

第1章

iCity　智能城市的背景与内涵

一、智能城市的背景

近年来，信息技术（Information Technology, IT）取得了突飞猛进的发展，无线传感、云计算、物联网、闪联、三网合一和虚拟现实等技术日益成熟，为智能城市的发展奠定了坚实的基础。

2010年，全球人均拥有10亿个晶体管，每个晶体管平均成本只有十万分之一美分。该技术已经被用于数十亿的设备及设施中，如车、器具、道路等。两年内地球生产了300亿个射频识别（Radio Frequency Identification, RFID）标签。传感器已被利用到整个城市系统。

高速分组接入（High Speed Uplink Packet Access, HSUPA）技术将促成"三种屏幕"（电视、电脑和移动手机）的融合，并实现不中断的网络连接。数以万计的事物紧密相连，如汽车、家用电器、相机、道路、管道，甚至医药品和家畜。

大规模计算机集群首次具备了用于处理、建模、预测和分析任何工作负载和任务的技术可行性。IBM的Roadrunner超级计算机突破了每秒1 000万亿次运算速度屏障，并且致力于实现下一个具有里程碑意义的计算速度，即每秒钟将进行1 000 000万亿次运算，比Roadrunner快1 000倍。2010年6月1日，由中国自主研发的曙光"星云"高性能计算机系统于北京国家会议中心正式发布，超千万亿次的计算能力再次刷新了中国高性能计算的最高速度，以全球排名第2的成绩创造了中国高性能计算机最好的全球排名成绩。

利用云计算，由数千台、数万台甚至更多的服务器组成的庞大集群能够提供无限量的存储空间和计算能力，满足实时数据存储、管理、处理、分析和可视化要求。

信息技术的发展促进城市形态由工业城市向信息城市发展，并最终发展为具有自组织、自适应功能的智能城市。2009年1月28日，在美国总统奥巴马与工商业领袖举行的一次"圆桌会议"上，IBM首席执行官彭明盛首次提出了"智慧地球"（Smart Earth）这一概念，建议政府投资新一代的智慧型基础设施。这一理念的主要内容是把新一代IT技术充分运用到各行各业中，即把传感器装备到各种物体中，并且连起来，形成"物联网（Internet of Things, IOT）"，并通过超级计算机和云计算（Cloud Computing, CC）将"物联网"整合起来，实现网上数字地球与人类社会和物理系统的整合。智慧地球是个崭新的概念，将大大推进信息化和工业化的进程。但是智慧地球建设不是一蹴而就的，需要分步骤、分阶段、分行业实施，IBM商业价值研究中心提出了对电力、医疗、城市、交通、供应链和银行等六大行业的智慧方案，为智慧地球从理念提出到付诸实践奠定了基础。

二、智能城市的内涵

智能城市，指网络宽带化、管理智能化、产业高端化和应用普及化的城市，是信息时代城市发展的新模式。智能城市以信息、知识为核心资源，以新一代信息技术为支撑手段，通过广泛的信息获取和全面感知、快速安全的信息传输、科学有效的信息处理，创新城市管理模式，提高城市运行效率，改善城市公共服务水平，全面推进工业与信息化、城市化、市场化和国际化的融合发展，提升城市综合竞争力。

智能城市是城市发展的新阶段，其核心思想是基于时空一体化模型，以网格化的传感器网络为神经末梢，以强大的数据处理与决策系统为中枢，形成自组织和自适应的高级城市形态。智能城市把基于感应器的物联网和现有互联网整合起来，通过快速计算分析处理，对网内人员、设备和基础设施，特别是交通、能源、商业、安全、医疗、环境等公共行业进行实时管理和控制。智能城市可以在政府行使经济调节、市场监管、社会管理和公共服务等职能的过程中，为其提供决策依据，使其更好地面对挑战，为现代城市的可持续发展提供最优解决方案，促进城市的健康发展。

　　智能城市把新一代 IT 技术充分运用于城市综合管理，把传感器嵌入和装备到城市系统的各个层面，并通过普遍连接形成物联网；然后通过超级计算机和云计算将"物联网"合起来，以多源耦合的信息保障平台、过程述职模拟平台、数值调控平台、数据同化系统平台、虚拟现实系统平台等为支撑，并与数字城市耦合起来，完成数字城市与物理城市的无缝集成，使人类能以更加精细和动态的方式对城市自然系统进行规划、设计和管理，从而达到城市的"智慧状态"。其核心是利用一种更智慧的方法通过新一代信息技术来改变政府、企业和人们交互的方式，以便提高交互的明确性、效率、灵活性和响应速度。信息基础的构架与高度整合的基础设施的完美结合，使得政府、企业和市民可以做出更明智的决策。智能城市具有与智慧地球共同的特征：更透彻的感知、更全面的互联互通、更深入的智能化。

　　更透彻的感知：指超越传统传感器、数码照相机和 RFID 的，更为广泛的一个概念。具体来说，智慧城市利用任何可以随时随地感知、测量、捕获和传递信息的设备、系统或流程，可以快速获取城市自然系统及其运转过程中的各种信息并进行分析，从而实时采取应对措施和进行长期的科学规划。

　　更全面的互联互通：指通过各种形式的高速、高宽带通信网络工具，将个人设备、组织和政府系统中收集和存储的分散信息及数据联起来，进行交互和多方共享。互联互通可以更好地对城市自然系统管理业务状况进行实时监控，从全局全方位的角度分析并实时解决问题，使工作和任务可以通过多方协作远程完成，进而彻底改变城市管理的运作方式，真正意义上实现城市综合管理。

　　更深入的智能化：指深入分析已收集的数据，以获取更加新颖、系统且全面的信息来解决城市问题。这就要求利用数据挖掘和分析工具、数据同化、系统过程模型、数值调控模型及功能强大的计算机系统来处理复杂的模型运算、数据分析和可视化，以便整合和分析多种来源的数据和信息，并将特定的知识应用到特殊情境和方案中，更好地支持决策和行动。

三、智能城市环境发展的内涵

智能城市环境发展以信息化环境管理为基础，最近几年才在发达国家兴起，并逐渐成为一种改变环境管理模式、提高管理水平的先进做法。从国外发展趋势来看，在城市水环境、大气环境、生态环境、固体废物等方面，信息化技术应用较多，其智能化管理进程也快于其他环境要素。智能城市环境发展是将高新信息化技术用于环境信息的采集、处理和应用，通过射频识别、无线传输、物联网等技术，形成泛在的环境信息传输网络，提高环境信息的全面性和时效性；通过信息中心、云计算平台等，快速甄别、处理、评估、决策、反馈环境信息，实现以环境质量改善和环境风险防控为目标的环境综合智能管理。

20 世纪 70 年代末，发达国家开始了以系统论、信息论、控制论为基础，利用计算机系统管理环境保护问题的研究，旨在实现对城市环境管理信息的自动化、智能化管理。20 世纪 90 年代初，水质自动监测技术和计算机网络技术的应用实现了可用于水质动态监测、预警预报及污染趋势分析的水质移动监测系统、自动监测系统和在线监测系统。在 20 世纪 90 年代初，污染物自动监测技术和计算机网络技术的应用完善了可用于大气环境质量动态监测、监控、预警预报及污染趋势分析的大气环境监测系统、自动监测系统和大气环境在线监测系统、污染源在线监测系统。我国环保部门已基本形成了国控、省控、市控为主的环境质量监测网；结合飞机航测技术，通过 3S 技术[①]与无人机航空测量技术等的完美融合和无缝连接，逐步形成了天、空、地一体化的城市大气环境全天候、全方位立体预警监测管理系统。20 世纪 90 年代初，以德国为代表的欧洲国家的生活垃圾收费管理方式转向垃圾按量收费模式，RFID 在垃圾识别和信息传输上快速发展。针对危险废物转移过程的风险防控，欧美等发达国家利用全球定位系统（GPS）、地理信息系统（GIS）及无线通信技术对危险废物运输车辆进行监控，以加强对危险废物运输环节

---

① 3S 技术：遥感技术（Remote Sensing, RS）、地理信息系统（Geographic Information System, GIS）和全球定位系统（Global Positioning System, GPS）。

的安全监管。

可以看出，新一代信息化技术已经在环境管理的各个方面得到应用，智能化环境管理已现雏形，但是在海量复杂环境信息的获取、多源多维环境信息的集成整合、综合性环境信息处理平台的建设等方面仍与智能化管理的要求存在较大差距。因此，智能化城市环境发展的内涵可以归纳为以下3个方面：

（1）加强海量复杂环境信息的获取能力。通过建设泛在的用于环境信息识别监测的"神经元"网络和物联网，提升环境信息的获取和传输能力，为智能城市环境管理提供数据支持。

（2）提升多源、多维环境信息的集成整合能力。通过分布式数据库，对多源、多维环境信息进行集成。建立智能城市环境监测与信息服务数据交换共享中心，提高多维、多源、多尺度、海量环境信息的集成整合能力。

（3）建设多功能的综合性环境信息处理应用平台。环境信息的评价、模拟、运算等处理是智能环境决策的核心。针对环境信息复杂、海量等特点，建立内嵌多种环境模型的云计算平台，为智能城市环境管理提供全方位、多功能的综合解决方案。

第2章

i City 国内外智能城市环境发展的
研究与发展状况

一、国外智能城市环境发展的研究与发展现状

（一）美国

1. 流域水环境监测及管理

美国的流域水环境管理体现了当今国际智能城市环境发展的方向，水环境保护工作开始较早。1960 年，美国纽约州的环保部门开始建立自动水质监测系统，用以代替人工监测网络，并于 1966 年安装了第一台水质自动电化学监测仪，开始了水环境智能化管理的探索工作。经过多年的积累，美国的水环境以及水资源部门已普遍应用 3S 技术以及人工智能技术。IBM 对作为智慧地球重要组成部分的水环境管理制订智慧化方案，催生了智能水环境管理，为应对全球气候变化和人类活动加剧情景下的城市水环境管理问题，实施严格的水环境管理制度，推动水环境信息化、现代化、可持续发展提供了全新的概念。2009 年 9 月，美国迪比克市（Dubuque）与 IBM 共同宣布，将建设美国的第一个智慧城市，IBM 将用一系列新技术武装迪比克市。它们通过构建包括流域管理控制平台、水资源管理平台、动态评估平台的区域水资源管理平台体系，整合了能源、地理、经济、环境与生态、水的数量与流量、水体质量等多样性信息与数据，通过工具、数据、模型整合，帮助决策者解决了现实的管理问题以及河流流域的可持续发展问题。

美国国家环保局（U.S. Environmental Protection Agency）从 1989 年使用 ARC/INFO 进行了大量科学研究和应用，范围覆盖环境影响评价、地下水保护、点源和面源污染分析、酸沉降分析、危险废物泄漏紧急响应等。美国犹他州大学的一个科研小组利用 GIS 技术对墨西哥与美国接壤地区进行了环境影响评

价，建立了地表水和地下水污染路径模型，并用 GIS 的空间分析能力（如缓冲区分析）对该地区经济发展造成的环境影响进行了分析。美国加州大学、海军研究生院、蒙特雷湾水科学研究所共同研究开发的实时环境信息网络与分析系统（Realtime Environment Information Network and Analysis System, REINAS），是根据本国的实际需要而开发的区域性海洋环境与资源立体、动态监测和信息服务系统。对美国每一条河流而言，流域内资源的管理是相对独立的系统，现已建立了完善的水情水质自动测报网络系统、防洪自动预警系统及实时监测系统。其数据采集的主要手段是 RS 和 GPS，而后使用功能强大的 GIS 对数据进行分析与处理。新技术的应用大大提高了数据采集速度和预报预警时效。例如，田纳西河流管理委员会建立的流域洪水预警决策支持系统，当预报洪水到达相应水位时，可在 5 分钟内发布流域洪水预警。美国联邦应急管理局（Federal Emergency Management Agency, FEMA）于 1996 年发布了 *Guide for All-Hazard Emergency Operations Planning*，用于指导、规范突发性污染事故应急处置预案的编制。此外，美国在国际互联网上公布了几乎所有江河湖泊的水文水质信息等资料。

2. 环境模拟模型

20 世纪 60 年代，美国国家环保局推出了综合性、多样化的河流水质模型模拟软件 QUAL2E，用于一维水质模拟。Yang 等结合水质模型 QUAL2E，建立水质短期预报系统，采用 GIS 对结果进行可视化表达；Paliwal 等利用 QUAL2E 水质模型确定了印度新德里亚穆纳河的污染负荷，主要目的在于检测河流水质在不同情况下的变化，并将评价结果通过 GIS 技术表达出来。各种水质模型及其软件的出现，为水环境的污染物扩散、预测和水质模拟提供了有力的工具。1983 年，美国国家环保局建立了水环境模拟系统（Water Quality Analysis Simulation Program, WASP），实现了对河流、水库、河口、海岸等进行通用模拟，目前已经发展到基于 Microsoft Windows 操作系统和可视化界面的 WASP 7。

SWAT（Soil and Water Assessment Tool）模型是在 20 世纪 90 年代中后

期推出的分布式流域水文模型，由美国农业部农业研究中心的 Arnold 博士所
开发，是一个具有物理基础的、以日为时间单位运行的流域尺度的动态模拟
模型，可以进行连续多年的模拟计算。SWAT 模型最初的开发目的是模拟流
域非点源污染，在一个大型复杂的流域内，在长期的降雨、土壤、土地利用
和管理措施等条件下，预测土地管理措施对流域产流、产沙和化学污染物负
荷的影响。模型主要模拟不同的土地利用方式以及多种农业管理措施对流域
的长期影响，不能进行单一事件的细节模拟。SWAT 模型自开发以来，已经
在北美、欧洲等地得到了广泛的应用验证，并在应用中被不断地改进。20 世
纪 80 年代晚期，美国印第安事务局急需一个适用于数千平方千米的模型来评
价亚利桑那州和新墨西哥州的印第安保留土地区的水资源管理措施对下游流
域的影响。其后该模型被广泛应用于非点源污染模拟和控制、水文过程模拟
及土地覆被变化条件下的多年降水 – 径流关系模拟。

3. 大气监测

美国国家级空气质量监测网络日渐成熟完善，美国国家环保局和国家海
洋与大气管理局天气服务局均设立专门站点来发布空气质量信息。AirNow
是美国国家环保局发布全美空气质量预报和实时情况的网站，可按州和城市
查看当日和次日空气质量指数（Air Quality Index, AQI）。除政府外，商业机
构的天气频道也在网站上发布各州当天和次日空气质量等级和首要污染物
信息。除 AirNow 之外，纽约环保网站发布纽约各监测点 AQI 和细颗粒物
（PM2.5）、二氧化硫（SO_2）、一氧化碳（CO）、臭氧（O_3）和二氧化氮（NO_2）
等污染物的浓度。PM2.5 数据每小时更新一次，其余指标每 3 小时更新一次。
纽约环保网站有 2000—2009 年年报，统计每个监测站点各污染物的年均浓度
和最大值，还提供 180 天内每小时变化图查询。

在理论研究方面，美国国家大气研究中心（National Center for Atmospheric
Research, NCAR）是美国大气及相关科学问题的国家研究机构，下设计算和
信息系统实验室、对地观测实验室、地球系统实验室和研究应用实验室等 4
个研究实体。NCAR 的研究偏重于一些重要的学科领域，包括在区域和全球

尺度上开展空气质量和大气成分与气候系统相互作用的大气化学研究。该中心设有通过无人机进行大气数据采集的专门研究。这些无人机上安装了用于测量风暴系统温度、水汽含量、云层结构、悬浮颗粒物或尘埃水平的激光测量仪，可以采集风暴系统中的温度、气压、风力以及湿度等有关数据。这些高精度数据可供研究应用。

美国国家航空航天局（National Aeronautics and Space Administration, NASA）于 2012 年决定资助建设全球首个天基大气污染物观测系统，用于北美大陆主要大气污染物监测。该观测系统建设计划由史密森尼天体物理天文台提出，将于 2017 年前建成；观测系统将充分利用地球赤道上空 3.5 万千米轨道商业卫星的有效载荷。该计划负责人、史密森尼天体物理天文台首席科学家 Chance 博士称，观测系统建成后将首次实现对北美大陆对流层主要污染物的高分辨率、高频度监测，可准确监测 O_3、NO_2、SO_2、CH_4（甲烷）和气溶胶等污染物。

4. 固体废物管理

美国北卡罗来纳州三角研究园建立了废旧资源回收空间数据库，吸引了 1 300 多家企业参与，1 200 多种不同废弃物进入废弃物交换平台；美国再生银行公司通过物联网技术将垃圾清运量与垃圾排放人员对应起来，并进行积分奖励。为了防止突发性危险废物污染事故的发生，1998 年联合国环境规划署制订了"地区级紧急事故意识和准备"（Awareness and Preparedness for Emergencies at Local Level，APELL）计划，旨在增强公众对风险事故的意识，制订必要的应急行动方案，强化事故预防措施，最大限度地减少由此带来的人员伤亡和财产损失。在 APELL 计划的指导下，美国和欧洲的一些国家先后建立了城市级的重大污染事故预警系统，广泛采用 3S 技术。危险废物转移联单是以美国为代表的发达国家跟踪危险废物转移、处理及处置的基本方法，但该方法无法监控和管理在途车辆，对运输车辆在运输途中的非法或非正常行为缺乏有效的制约和监督。

5. 土壤环境管理

在城市污染场地或土壤环境管理方面，由于在世界各国，污染场地种类多且数量大，并且污染场地的修复治理费用昂贵，以污染场地分类机制为基础，进行污染场地档案信息管理，对场地的修复采用计算辅助决策，可以大大减少污染场地对人体健康和环境安全造成的实际或潜在威胁。美国的污染场地分类管理系统基于危害排序系统(Hazard Ranking System, HRS)。1980 年，美国通过《环境应对、赔偿和责任综合法案》(通常称为 "超级基金法案")，HRS 是在该法案的指导下建立的污染场地分类评分系统，它是将污染场地列为国家优先名录（National Priorities List, NPL）的主要机制。在国家优先名录中，通过信息管理系统进行全国污染场地信息的管理。

在土壤管理方面，美国土壤信息系统是全球目前最有影响的区域土壤信息系统之一。该系统的建立始于 20 世纪 70 年代，在美国农业部自然资源保护中心的领导下，经过将近 30 年的努力，初步建立起了覆盖全国约 90% 国土面积的，分县、州、国家 3 级的土壤信息系统服务网络。该系统由土壤特性记录、土壤系统分类单元记录、土壤制图单元记录、土壤调查地理数据库、州级土壤地理数据库、国家土壤地理数据库 6 个基本数据库组成。各数据库在系统工具的组织、管理下实现各种应用，该土壤信息系统现已经应用到农业、环保、土地、生态等多个领域。

6. 环境信息共享

在环境信息共享研究方面，美国起步较早并已经取得了长足的发展。美国在 20 世纪 70 年代就开始利用 GIS 专业技术软件进行环境信息的管理和研究。为促进环境信息交换、发展和应用，由美国国家环保局牵头美国 34 个州参与筹建国家环境信息交换网络（National Environmental Information Exchange Network, NEIEN），并研究和制定环境数据标准。美国在 20 世纪后 10 年确立了在国家层面上建设国有科学数据和信息全社会共享的战略部署。目前美国国家航空航天局、美国国家地质调查局、美国国家气候数据中心、美国农业部自然资源保护中心、美国全球环境战略研究所等机构已经建成数据共享网络，面向全社会提供遥感数据、水文监测、土地植被、水资源、海洋、大气、高程、洪水、干旱、飓风、暴雪、森林火灾、气候、自然资源保护等公共数据资源及模型服务。美国国家环保局建立的中央数据交换系统（Central Data Exchange, CDX），用于实现州和地区政府、工厂、部落进行快速、高效、精确的环境数据上传。CDX 使得美国国家环保局能够更好地管理相关的环境数据，而利益相关者通过 CDX 读取所需环境数据的过程减少了时间和金钱的消耗。

（二）欧洲

1. 水环境监测系统

目前欧洲发达国家的河流监测自动化、半自动化监测网络也基本完善，其监测网络主要由国家或区段固定观测站、地面雷达网、遥感卫星等组成，主要包括水质监测网、水文气象监测网、大地测量站网、遥感和航测及其他监测站网。对水文气象站点数据的采集主要采用水位自动记录仪、超声波、雨量自动记录仪、温度自动记录仪等自动化仪器，水文（含水质）、气象数据的采集基本上实现了由手工作业向自动化测量的过渡。监测项目包括水质监测、水文气象监测、地形地貌监测、数据传输及储存等，监察内容、方法和采用的设备均利用了信息技术。欧洲多瑙河流域的德国、奥地利、捷克等 9 个国家的相关研究机构和政府部门，专门针对多瑙河的突发性污染事故（主要是船舶溢油泄漏事故和工业事故性排放）设计了"多瑙河突发性事故应急预警系统"。该系统自运行以来经过不断地更新和改进，已具有快速的信息传递能力、较为完备的危险物质数据库、较为准确的污染物影响模拟水准，已成为多瑙河突发性污染事故风险评价和应急管理的主要工具。

2. 大气监测系统

得益于成熟的大气环境监测网络和健全的大气环境信息公开制度，英国伦敦的空气质量信息内容丰富、公布及时、查阅便捷。英国的空气污染指数（Air Pollution Index, API）为 1~10 分，按照污染对易感人群健康的影响分为低（Low，1~3 分）、一般（Moderate，4~6 分）、高（High，7~9 分）和很高（Very High，10 分）4 个等级。英国空气质量档案网站（UK Air Quality

Archive）提供大伦敦交通繁忙路段附近地区空气污染指数预报和其他地区空气污染指数预报。伦敦空气质量网络强大的检索功能使历史数据的获取极为方便。用户可查询 1993 年以来任一监测点 SO_2、PM10、NO_2、O_3 和 CO 的 15 分钟均值、1 小时均值、8 小时均值、24 小时均值、日均值和年均值，也可以通过曲线图进行比较或下载不同监测点指定时间段内的数值。伦敦空气质量网络开通了 Twitter 和 Facebook，开发了 iPhone 应用软件为用户报告不同监测点的 API 分值；Your Air for London 网站向用户发送电子邮件和语音邮件以提供空气质量信息。新兴的信息传播方式进一步缩短了空气质量信息与大众的距离。

法国的空气质量指数监测的污染物为 O_3、SO_2、NO_2 和 PM10，分为 1~10 分，6 个等级。AirParif 是发布法兰西岛地区（含大巴黎地区）空气质量信息的主要网站，特点是统计污染物种类多、数据详细、检索方便，每日 11:00 发布当日至次日大巴黎地区空气质量预报，包括空气质量指数、空气质量等级和首要污染物。

3. 固体废物管理

固体废物的自动识别和实时监控技术应用广泛。随着发达国家固体废物收费管理方式转向垃圾按量收费，RFID 在垃圾识别和信息传输方面快速发展。在欧洲，RFID 系统显著提高了家庭垃圾的回收率。德国 2003 年已采用 RFID 技术建立了垃圾清运及计量系统，提高了垃圾回收和运输效率，约 20% 的垃圾采用 RFID 系统进行管理。欧美等发达国家利用全球定位系统、地理信息系统及无线通信技术对危险废物运输车辆进行监控，以加强对危险废物运输环节的安全监管。

4. 智能环境管理

2005 年 7 月，欧盟正式实施"i2010"战略，该战略致力于发展最新的通信技术、建设新网络、提供新服务、创造新的媒体内容。2009 年 3 月欧盟委员会提出了"信息通信技术研发和创新战略"，将智能城市建设提高到战略层面。欧盟在莱茵河、多瑙河、易北河先后建立了莱茵河国际预警系统、多瑙河水质突发事故预警系统、易北河国际河流预警体系，旨在开发跨界河流污染事故早期信息发布系统，建立流域国际合作程序，以便相关国家及时应对污染事故，有效保护用水户的利益。上述系统主要由3部分组成：信息处理系统、流域卫星通信预警系统、流域预警及影响评估模型。其中流域预警及影响评估模型是系统的决策支持工具，模型对象包括莱茵河、多瑙河、易北河及其重要支流，可设定区域、设定时间模拟计算污染发展特征参数，如污水团流动时间、断面浓度、污水团形状等。流域预警及影响软件由3部分组成：用户界面模块、模拟模型模块、模型成果显示模块。其中的模拟模型模块是在莱茵河预警模型基础上的改进。信息处理系统可以很好地处理多语言流域内信息的互换和管理问题，评估模型则充分利用了信息处理系统提供的数据。系统基于流域卫星通信预警系统及所在国水行政管理部门之间的信息数据的传递与交流，有良好的监测网络及适当的数据传输、处理系统。该系统采用卫星传输数据，同样也可以采用其他的替代方案，例如地面网络等，从而确保水质监测数据的可靠性和及时性。系统为突发水污染事故预警系统建立了一套有效的技术体系，基于该体系，可以应用任何一种类似的系统。上述系统已经在多瑙河、莱茵河、易北河流域的多起水污染事故的预警评估中得到成功应用。该系统在事故期间反应良好，给下游国家发送了必要的警告和信息，有效削弱了突发事故的影响。近两年，欧盟一直致力于制订一个战略以保障城市以一种智能化的形式增长，充分利用网络基础设施，以文化和城市发展为中心，充分保护城市水环境，并带来最前沿的增长源。

5. 环境信息共享

欧盟早在1990年便颁布了环境信息公开指令（Richtlinie 90/313/EWG），对政府环境信息公开做出规定，确保公众获取公共权力机关所持环境信息的自由，同时也确保整个欧盟环境信息发布方式的可比性和协调性。2003年，欧盟又颁布新的环境信息公开指令（EU Rechtlinie 2003/4/EG）。新指令除了重申原指令的目的以外，还提出进一步促进环境信息的"众"得和传播，使环境信息能够被公众最大限度地系统化利用和传播。指令突出了信息社会背景下对环境信息公开的技术性和有效性要求，强调环境知情权的保护和信息技术发展的结合，要求公共机构利用信息技术（电子数据库、公共通信网络）主动收集、系统公开和更新特定环境信息。

为了实现环境信息的共享，欧洲环境署（European Environment Agency, EEA）建立了环境信息和观察网络（Environmental Information and Observation Network, EIONET），以及欧洲共享环境信息系统（Shared Environmental Information System, SEIS）。该系统经历了三个阶段：从"独立"的信息系统阶段，到"报告式"的环境信息共享阶段，直至现在形成真正的环境信息共享，各成员国所形成的环境信息子系统与欧洲环境署的中央数据库之间可以直接访问、共享和互通环境信息。

2007 年，奥地利成立了针对环境信息的电子政务工作小组，它的主要任务是根据 2004 年环境信息法案（Environment Impact Assessment, EIA）修正法案的规定，确保每一个人可以自由方便地获取环境信息。为此，电子政务工作小组的一个重要目标是在奥地利建立一个中央环境信息门户网站（一站式服务）。这种做法符合当前奥地利政府的法律方案，也符合欧盟委员会 SEIS 框架。在具体建设 SEIS 上，奥地利政府参照由欧盟委员会和欧洲环境组织确认为国家 SEIS 的成功范例——德国环境信息门户网站的做法，特别强调了以下 10 条指导原则和要求：

（1）尽可能地在互联网上搜寻所有由联邦政府、各省、城镇和直辖市公布的最新的环境信息；

（2）为了符合 EIA 2004 的要求，所有由联邦政府、各省、城镇以及直辖市提供的环境信息，必须经过比对，以统一的标准格式呈现在奥地利环境信息门户网站上；

（3）为符合欧洲空间信息基础设施委员会（Infrastructure for Spatial Information in the European Community, INSPIRE）的实施框架，奥地利环境信息门户网站应该开发空间数据基础设施访问接口结点；

（4）奥地利环境信息门户网站是一个协调和统一所有行政级别的环境信息的中心；

（5）奥地利环境信息门户网站要与"数字奥地利"展开合作；

（6）为调整战略，奥地利环境信息门户网站的发展进程包含 SEIS 理念；

（7）在欧洲环境信息管理中，奥地利环境信息门户网站代表着奥地利环境管理的利益；

（8）在欧洲地理信息门户网站和空间数据基础设施访问接口的壁垒之间，奥地利环境信息门户网站支持 INSPIRE 的具体实施措施；

（9）奥地利环境信息门户网站履行向国家和欧盟递送报告的义务；

（10）奥地利环境信息门户网站要以较低的成本和最少的工作量来收集和提供信息。

总之，奥地利政府将根据 EIA 2004，在坚持 SEIS 原则的基础上，利用国家最先进的电子信息网络和长期委托大量信息提供机构，为对环境信息感兴趣的公众和专业机构创造有利条件。

德国于 20 世纪 70 年代开始了环境信息资源共享平台的建设，其中环境规划信息系统及综合的公众环境信息系统为公众提供了解国家环境监测计划、环境报告以及环境质量等相关数据的渠道，同时公众可以将自己的意见反馈给政府。德国环境系统网络整合了由公共机构［如环保部门、机构和联邦土地（州）级别的部委］管理的网站发布的大量信息。该网络是德国环境信息的信息提供者，被称为"德国环保信息门户"。至 2000 年，德国环境系统网络拥有 504 位环境信息提供者，80 000 以上的网页，并且其数据量仍在增加。德国联邦环保署（Umweltbundesamt）建立了这一全国范围的信息网络，并通过这一举动表示对环境保护的支持。

德国环境门户网站（http://www.portalu.de/）的创建是联邦与各州环境管理部门长期有效合作的成果。各州签订了关于共同开发、维护和运行环境信息网络和元信息系统的协议，目的在于全面收集快速增长的、分散存储于各管理部门的大量环境信息，并在互联网上提供统一入口，以满足欧盟及联邦、各州有关环境信息法对信息公开的要求。为此他们成立了专门的领导小组、内容与技术开发工作组、协调处等部门，以促进协议各方的有效合作。2006 年 6 月，德国环境门户网站正式发布上线。该网站由德国联邦与各州共同建设、维护，网站的技术和内容管理由设在下萨克森州环境与气候保护部的 PortalU 协调处承担。该门户网站提供了联邦和各州政府环境信息与数据（超过 200 家官方组织和机构的网站和数据库目录）的统一入口，从最新的环保工作动态、环境状况、环境出版物到历史上的环保大事记都可以通过相应栏目查询获得。为方便用户对海量信息的检索，网站提供了功能强大的搜索引擎、环境数据目录及分类索引等。其中，搜索引擎和环境数据目录是 PortalU 的核心构件。通过该引擎可以搜索超过 100 万个网站和 50 多万个数据库中的内容条目。除了 PortalU 的成员机构外，其他许多机构组织的专业数据库和元数据库也被纳入搜索目标范围。环境数据目录是为使公众快速获得政府机构统计的环境信息而建立的统一资源目录系统，提供了联邦及各州有关环境信息数据的联机在线目录，给出了各类环境信息的来源，诸如什么部门、在哪里、拥有什么样的环境信息等。

德国环保部门还在互联网上建立了一系列大型数据库和专业环境信息系统，其中许多数据库或系统由联邦与地方共同建设维护。同时，大力促进不同政府部门和组织机构间的合作，建立跨部门的、统一的环境信息系统，使所有与环境相关的主题，如土壤、空气、水、噪声、气候、自然保护区、洪泛区等数据得以在同一个系统中得到管理和利用，从而使部门间的协同变得简便，使所有环境相关领域的信息共享成为可能。对于环境空间地理信息服务共享，德国十分重视 GIS 在环境信息资源管理与发布中的应用，积极推进统一的地理信息系统门户建设，搭建基于 WebGIS 的信息交换共享平台，实现不同服务提供商、不同地点环境空间数据的分布式存储与服务共享。

瑞典的 CDS（Conserved Domain Search）工程（数据资源目录）建成了连接全国各城镇的环境信息网络，通过互联网为广大市民提供各类环境信息服务，建立了政府同政府之间、政府同企业之间和政府同市民之间广泛进行信息交流的渠道。

（三）加拿大

加拿大是一个资源大国，其国土面积仅次于俄国，森林、矿产及水资源均十分丰富，而人口却只有 3 000 万左右。因此，不论是资源总量还是人均拥有量方面，加拿大都独具优势。加拿大政府高度重视自然资源合理、高效的开发利用，使生态环境得到很好的保护。纵观全境，无论是工业污染的治理，还是森林草场和野生动物的保护，都取得了显著的绩效。为避免工业化国家"先污染，后治理"的教训，加拿大政府非常重视环境保护与经济的协调发展，在西方的工业化国家中，加拿大的环境保护成效尤其令人称道。

1. 环境信息系统

加拿大在 20 世纪 80 年代开始环境信息系统的研究，其中由 Envista 公司开发的一个环境信息系统主要用来管理安大略湖沿岸矿产企业所产生的污染对沿岸环境的影响及周边环境的变化等。该系统有助于各区域环境例行监测计划的设立及环境管理和规划，减少环境监测的重复及资源的浪费。同时，相关的环境保护条例及规定共享制度也有助于相邻区域之间所产生的环境问题的快速协调。

2. 污染场地国家分类系统

加拿大环境部长委员会于 1992 年出台了污染场地国家分类系统，2002 年建立了联邦污染场地名录数据库，从而实现了污染场地管理的网络化。加拿大国家分类系统将污染场地分类评估因子分为污染特性、潜在迁移和暴露 3 大类，它们被认为是同等重要的。该体系采用数值加和的评分方法，即各因子实际分值相加得出场地总分值，根据对场地评分的分值范围可将场地分为 5 个类型。同时，系统提供可视化的空间分析能力。这些可视化技术可以使决策者能够形象地理解决策结果，发现数据中隐含的规律，从而为决策提供帮助。

3. 土壤系统

加拿大农业土壤信息服务平台如今已经发展成为世界上覆盖面积最广、数据存储最翔实、开放程度最高的土壤信息平台。加拿大早在 20 世纪 70 年代就已初步建立了农业土壤信息服务平台，从 1972 年开始，隶属加拿大农业部的土地资源研究中心开始着手农业土壤信息服务平台的建设。到了 1992年，土地和生物资源研究中心取代了土地资源研究中心成为大多数省一级土壤地图数据的唯一管理者。1996 年，第一个版本的加拿大土壤地貌完成。同年，加拿大农业土壤信息服务平台的网络地图应用上线，提供实时地图服务。1997—2003 年，加拿大农业土壤信息服务平台一直处于地理信息技术领先地位，运用土地调查、土壤采样、农业遥感等手段开发了一系列服务。2009 年，该平台成为加拿大农业与农业食品部农业环境局的一个分支部门，可提供一系列的数据库、地图集和应用程序。加拿大农业土壤信息服务平台总部设在渥太华，储存了各个地方通过土地分析工程生成的土地信息数据，建立了加拿大国家土壤数据库。包含了不同尺度和不同类型的土壤系列数据集，包括国家生态框架、加拿大土壤地图、加拿大土壤地貌、农业生态资源区域、加拿大土地存货系统、土地精细调查。其中，国家生态框架是一种基于生态学的土地分类，描绘了地球表面生态学视角下的差异。每一个生态学区域可认为是相对独立的系统，而决定这一独立系统的是地质、地形、土壤、植物生长、气候、野生动物、水和人类活动等因素的综合考量。加拿大生态层工作组将土地依照生态层次划分为 4 个层次，即生态地带、生态省、生态区和生态块。如今，加拿大国家生态框架作为一种基础的土地和生态系统划分，已经广泛运用在全国农业土地环境保护、作物产量管理和区域生态管理中。

4. 水资源管理

尽管加拿大的水资源十分丰富，但城市化和工业发展也给水资源的利用带来压力，政府制定全国性水资源政策，以指导人们合理使用淡水资源。政府明确提出："水质和水资源保护是现代环境保护中的基本问题。"各级机构十分注重流域规划和给排水问题，针对所有污染源制定高标准并实行严格管理，在水资源利用上实行许可证制度，要求废水循环利用或优于标准排放，用户提出用水申请时必须保证不污染环境及水生生物。对于可能造成环境影响的建设项目，必须向环保局及环境影响服务部提交环境影响评估报告；向环保局的水、空气两个专门委员会报送建设影响情况申请报告；向能源及城建部门申请发展许可证；向政府呈送建设许可证及地下水申请报告，与政府签订合同，指明用多少水、排多少水，再发放许可证，但若有特殊情况，政府有权修改和收回许可证；经过河湖的工程项目必须申请批准施工期限，一年内未能建设则需另行申请；不准跨流域调水或将水出口。

5. 废弃物管理

在废弃物管理方面，加拿大每个城市均有"废弃物处理中心"或"垃圾处理场"，实行垃圾分类回收，凡金属、玻璃、塑料、橡胶、建筑材料等一律分类回收，废物利用。"非危险的固体废物"及"生活垃圾"运到市郊垃圾处置场集中处理，或发电，或无害化堆放再覆土后种上树木花草加以绿化；"危险废弃物"则由政府负责集中处理；处置场渗出的液体也应经过严格的生化处置，决不随意排放。垃圾处置场由政府筹建，建成后招标给私人公司营利管理，利润由企业和政府按比例分成。自 1988 年以来，加拿大全年所产生的包装垃圾已经减少了 50%。

（四）韩国

在过去几十年，韩国经济飞速发展，从贫穷国家一跃成为亚洲经济发展的"四小龙"之一，期间自然环境付出了沉重的代价。20 世纪七八十年代是韩国环境污染最为严重的时期，同大多数发展中国家一样，韩国环境保护也经历了"先污染后治理"的过程。近年来，随着韩国教育水平、公民意识、政府重视度的提高，韩国环境保护正依据"有法可依，有法必依"的道路前行，公民的环保意识非常强，环保概念无处不在。如今韩国整体环境状况越来越好。

1. 饮用水质量监测系统

在韩国首尔，市政府供水公司需向至少 104.2 万市民供应饮用水。这个饮用水供给系统包括至少 14 106 km 长的管道和近 19.6 万个水龙头，并有 100 个以上用于紧急储水、水量调控、水压调控等的蓄水池（Shin et al,

2009）。首尔市政府于 2006 年 7 月完成了一个实时监测系统，对饮用水供水过程进行管理。这个水质自动监测系统对进入水龙头的饮用水进行 24 小时监测，以确保饮用水的安全性。同时，监测的原始数据还用于净水系统的优化以及安全给水的分布管理。为了便于公众查看这些实时监测数据，相关的数据均发布在互联网，包括浊度、余氯量、水温等相关的水质信息。

2. 水资源保护

韩国对水资源的管理和保护非常重视，实行"立法先行，措施跟进；系统促进，综合发展；分工明确，共同促进"等举措。据陈元卿于 2012 年发表的《韩国汉江环境管理的成功案例》，汉江流域已建成 8 座水库，逐步健全了供水和发电系统，其水力发电量占全国水力发电总量的 32.2%，水库蓄水量为 65.5 亿吨，可调节本流域 27% 的总降水量。汉江不允许运输船舶行驶，只允许部分游船航行，江边不得开地种田。汉江两岸建成 12 座公园，总面积达 40 km²。市民公园事业所下设环境、治水、绿地等科室，100 多名环境监督监察员日夜对环境进行监督和管理。目前汉江的水质已达到 2 级国际标准。汉江流域已逐步发展成为韩国的生态乐园。

3. 空气质量实时监测数据平台

自 2002 年起，韩国环境部发布了其世界杯体育场附近 16 个地区的空气质量实时监测数据。随着公众对于空气污染的关注度增加，以及对于安全、清洁环境的要求提高，公开全国范围内的空气质量数据成为趋势。因此，韩国环保部和环境管理股份有限公司建立了 Airkorea 网站，向公众提供全国空气质量的相关信息。该网站提供了韩国全国范围内的空气污染数据，包括 CAI、PM10、O_3、CO、SO_2、NO_2 等（Comprehensive Air-quality Index, CAI）。除了提供实时在线监控数据之外，网站还提供小时、月、年数据等。这些数据以图形或表格形式呈现给公众。同时，为了普及大气污染的相关知识，网站还增加了有关 CAI 的计算方法等内容。

韩国为减少空气污染出台了一系列法规政策，特别是对于减少汽车尾气排放的规定，鼓励发展清洁燃料车和电动汽车是其中一项措施。为减缓交通压力，韩国政府为那些有 3 人以上乘车人的私车开辟绿色通道，绿色通道是不收费的。韩国政府对空气质量进行 24 小时的监测，并随时通报市民。当空气中的一些污染物超标时，政府会建议人们减少出行和户外活动。在首尔的市府中心，一个大屏幕的指示牌实时播报空气质量，市民可以拨打 128 电话投诉破坏环境的事件。

4. 土壤监测

韩国环保部在对土壤进行规划管理方面，建立了土壤测量网络。这个网络旨在收集全国范围内所有时间段的土壤数据，建立一个数据库。韩国环保部下面有 7 个地方机构对其土壤进行监测：汉江流域监测机构、洛东江流域监测机构、锦江河流域监测机构、灵山江流域监测机构、原州办公室、大邱办公室、全州办公室。监测样品在地表下 0~15 cm 范围内收集。在分析测试之后，所有相关信息都会被记录，并纳入土壤测量网络。原样品需在实验室保存一年以上。土壤的相关数据须包括重金属、pH 值、有机物等。根据土壤测量网络的数据，相关机构可以分析其土壤信息，进行土壤污染的预防和治理。若发现土壤中的某些成分（如重金属）会对环境造成影响时，相关部门会采取措施，对当地土壤进行修复或处理。

5. 韩国垃圾填埋场废气管理系统

韩国 Sudokown 垃圾填埋场位于首尔，总面积有 2 000 000 m²。该填埋场有两期场地，2000 年 9 月一期场地已填埋完毕，2000 年 10 月二期场地投入使用。在进行填埋场管理的时候，在场内建立一个气体处理厂，以对填埋区所产生的废气进行处理。这个气体收集系统由管道、气井、监测仪等设备组成。填埋区内设有竖直方向的气井，气体通过气井收集，并直接由管道输送至填埋场边缘，进行集中收集。监测仪监测管道中气体的质量以及流量，并通过中央控制器对管道中气体的流量进行调控。这些废气被输送至气体处理厂，在那里通过过滤、燃烧等物理和化学方法进行处理。

6. 智能环保服务

韩国正在积极开展多个智能城市"U·City"（"U"指"Ubiquitous Network"，泛在网）建设试点项目，韩国政府的国土海洋部负责 U·City 建设规划与管理，并制定了相关规章制度。在 2008 年以前的物理融合阶段，韩国政府实施了大量信息化工程，很多物理基础设施实现了共享、共用。2008 年以后，随着各地方政府的应用系统建设逐步完成，各个系统开始对接，公共服务开始对接的时候需要很多共同标准、共同接口、共同规范，逐渐消除信息孤岛效应，实现公共服务融合。2013 年左右将服务推广到企业和公众，公共服务要与民间很多服务进行连接。韩国国内有 40 多个地区正在建设 U-City。韩国土地住宅公社于 2008 年 9 月建成的华城东滩新城市成为韩国第一个 U-City 示范城市。将三星公司的研究发现真正用得好的服务集中在交通、基础设施管理、安全、环境以及智慧城市综合管理中心这 5 大领域。在板桥新城，已经搭建了综合监控室、公共信息通信网络，提供包括智能环保应用的 13 项服务，包括气象、大气、水质、自然灾害预测等服务。

（五）日本

1. 环境信息披露

2000 年，日本出台了第一份官方环境会计报告——《环境会计指南》，该指南对环境保护成本体系进行了详细的论述。环境省还提供环境会计帮助系统软件，设立"环境报告资料库"，建立"全球环境信息中心"，为企业编制环境报告提供进一步指导。此后，环境省颁布了一系列完善环境会计体系的指南，如《企业环境业绩指标准则》（2000 年版）、《环境报告书指南》（2003 年版）、《环境成本分类细则》（2003 年版）、《环境会计指南》（2005 年版）、《环境报告指南》（2007 年版），对环境信息披露的范围、方式、内容等做了更加明确和详细的规定，增加了操作的可行性，对日本环境报告的发展和推广产生了非常重要的作用。

除了环境省的推动外，日本公认会计师协会于 2000 年 7 月发布了《环境报告书保证业务指南》，以增强企业环境报告书的可信性。日本环境省的"全球环境信息中心"也为公众提供了环境报告的网络图书室。一些公司、组织、大学及普通大众联合成立了一个"日本环境报告网"，举办了许多会议、研究及交流活动。一些非政府组织也积极倡导和宣传企业环境报告。日本民间组织于 1997 年设立"环境报告奖"和"绿色报告奖"，奖励企业环境报告优秀者。各行业积极主动引进环境会计与环境报告，甚至连大学、医院等事业单位也发布环境报告，接受社会公众的监督。以上措施大大促进了企业环境报告的公众参与度，提升了公众的环境意识，也使企业环境报告能够充分发挥作用。

2. 环境信息共享

日本宽带项目和日本 IPv6 普及·高度化促进协议会于 2005 年共同建立了一个联合研发项目"Live E!"，该项目通过在全球范围内建立传感器装置，形成了一个共享数字环境信息的平台。通过这个平台，与环境相关的信息可以被共享，用于与环境保护相关的应用中，如城市的热岛效应、灾害防护、环保教育、公共安全和公共服务，甚至用于商业用途。该项目希望有不同需求的各种人，都可以通过其获得所需的环境信息。

3. 大气监测系统

日本政府建立了完善的大气环境监测体制，规定都道府县等要持续性地进行有关大气污染的测定，以掌握地区的大气污染状况、污染源状况、高浓度污染物的地区分布、污染防治措施的效果以及全国性的污染趋势及污染物历年变化等情况。日本环境标准所规定监测的物质包括 SO_2、CO、SPM（悬浮颗粒物）、PM2.5、OX（光化学氧化剂）、NO_2、生成 SPM 及 OX 的 NMHC（非甲烷碳氢化合物）、NO 以及风向和风速等气象要素。

连续监测的大气环境数据除用于应急措施和判断环境是否符合标准之外，还可作为环境影响评价、大范围污染机制研究、环境基本计划的制订等的基础资料。

日本全国各地约有 550 处观测点对 PM2.5 实施监测，其中约 220 处向环境省的网站提供数据，由环境省官网公布各地大气污染物监测数值。

4. 八郎湖流域水质监测和管理系统

日本八郎湖流域建立了完善的水质监测和管理系统。八郎—卡塔位于秋田县，曾是一个 220.24 km^2 的咸水潟湖。1966 年，其中的 127.92 km^2 被开垦作为农业用地以种植水稻，而未被填埋开垦的区域中的 47.32 km^2 地区形成了新的淡水湖，即八郎湖。

八郎湖是一个淡水湖，但当海水与湖之间的流通通道被堵住之后，湖水变得混浊，并引发了诸多环境问题。20 世纪 70 年代，该水域的水质严重受到蓝绿水藻的影响。甚至在 2003 年，八郎湖被列为第 5 个水质较差的水域，近一半的污染源为附近的稻田。1976 年，为了对八郎湖的水质进行整顿，该地区建立了水质监测系统。到现在，在流入湖区的主要水域有 11 处水质检测点，填埋区主要排水管道有 2 处连续自动监测点，湖区水体有 9 处监测点；同时，有 3 处监测点用于监测水底沉积物。监测的主要环境因素为氮成分、磷成分、悬浮物、化学需氧量、生物需氧量等。

为了扩展水质监测项目，秋田政府与当地相关的研究组织、大学等合作，开展水质监测与管理工作。政府希望通过合作，能够持续对农业和渔业实施管理，优化农村地区的自然环境，保护和提高生态多样性。对此，他们开展了 6 项相关工作：减少整地所需用水量，以减少流入湖中的沉积物；提高对闸和泵的管理，以增强水循环；对管道内的水进行生物处理；建立湿地保护地带；应用先进的污水处理系统和扩充排水管网；培育外来鱼种，以去除湖底营养物质并将其转化为有机肥料。

截至 2007 年，尽管还会有水藻存在，但是通过水质监测与管理，水藻问题得到了有效的解决。

5. 智能环保发展

日本智慧城市建设的初期，主要是从汽车交通和基础信息网络两大方面入手，建立智慧城市的雏形，再向其他方面扩展。当前，日本智慧城市建设是以企业和地方政府为主力军，主要向节能和环保方向发展。东芝公司计划在大阪附近建设一座智能化的环保样板城市，采用可再生能源，并配备有通信功能的新一代智能电表和家用蓄电池，使节能效果达到最佳；污水经处理后循环进入自来水管道，实现水资源的最大化利用。富士通和三井物产将共同出资设立新公司，携手推进智能环保城市事业，首先在日本千叶县浦安市参与智能环保小区开发建设，以期在日本国内成功示范后向国外推广。由富士通、富士电机、METAWATER（日本大型水处理企业）3 家企业组成企业联合，在沙特阿拉伯首都利雅得和东部工业城市达曼工业园区内导入环保城市智能管理系统，对辖区内空气质量、上下水处理进行系统管理和监测，为城市居民和入驻企业提供相关数据和信息，进一步改善居住环境。

二、我国智能城市环境发展的研究与发展现状

我国智能城市的建设处于起步阶段，相应的智能环境管理也处于起步阶段。我国环境信息化建设作为智能环保发展的前期阶段，虽然起步较晚，但发展很快。下面从我国环境监测体系建设、环境管理信息化系统建设和环境信息化技术发展及应用等方面，介绍我国智能城市环境发展的研究与发展现状。

（一）我国环境监测体系建设及发展

我国的环境监测事业起步于 20 世纪 70 年代初期，环境监测工作的主要任务是快速、准确、全面摸清全国环境质量的现状和变化趋势，摸清污染源和主要污染物的排放总量，摸清全国环境质量变化的原因，提出生态环境保护与污染防控对策，加强环境事故的应急监测，形成应急响应技术支撑能力。

我国的环境监测主要包括环境质量监测、重点污染源监控以及环境应急监测 3 大监测体系。其中环境质量监测是中国环境监测总站、各省监测中心、市监测站、县监测站四级联网的监测体系，是针对不同环境要素建立的大气、水、生态、近岸海域等监测网络。污染源监控是由环保部环境监察局在全国重点污染源企业部署的在线监控系统，对企业排污情况进行实时监

管。环境应急监测包括由环保部环境应急与事故调查中心开展的环境应急事件上报及调查、环保举报热线等业务，以及由各级监测站开展的重大环境污染事故应急监测工作。

自 1973 年第一次全国环境保护会议召开以后，我国的环境保护工作进入一个崭新的发展时期，作为环保工作基础和重要组成部分的环境监测工作也随之起步。国家环境保护亟须一个能引领全国环境监测技术研究与发展的单位，以建立完善、统一的监测技术、方法和规范，确保监测数据准确可靠。1979 年 11 月 12 日，国家计划委员会下发《关于中国环境科学研究院和中国环境监测总站计划任务书的复函》批准建设中国环境监测总站，总站于 1980 年成立并开始全面建设。2012 年 4 月颁布的《国家环境监测"十二五"规划》提供的统计情况显示：至 2010 年，全国环保系统已建立 2 587 个环境监测站，形成了由中国环境监测总站、省级环境监测中心、地市级环境监测站及区县级环境监测站组成的四级环境监测机构，建成了 31 个省级辐射环境监测站。

环境保护部环境应急与事故调查中心为环境保护部直属事业单位，对外加挂"环境保护部环境应急办公室"和"环境保护部环境投诉受理中心"的牌子，负责环境应急与事故调查等业务。

环境保护部环境监察局主要负责重大环境问题的统筹协调和监督执法检查，其中包括全国重点污染源监控、环境执法稽查和排污收费稽查等业务。

"十一五"期间，我国针对环境监测能力建设投资超百亿元，其中中央财政累计投入超过 54 亿元，重点支持了环境质量监测能力、环保重点城市应急监测能力、国控重点污染源监督监测运行等项目。我国的环境监测能力得到了全面提升，建立了较为全面的环境质量监测网络、污染源监控网络以及环境应急监测网络。

1. 我国环境质量监测网络建设

我国已初步建成了覆盖全国的国家环境监测网，针对大气环境、水环境、土壤、固废、生态、放射性及噪声等环境要素建立了监测体系。截至 2015 年年底，我国已经建成了覆盖全国主要水体的 800 多个地表水监测断面

（点位）、100 个水质自动监测站点组成的地表水环境质量监测系统、113 个环保重点城市集中式饮用水水源地水质监测系统；包含 1497 个国控空气质量自动监测点的全国城市空气质量实时监测网，由 500 多个酸雨监测点位和 82 个沙尘暴监测站组成的空气环境质量监测网；由 7 个近岸海域监测分站和 301 个监测点位组成的近岸海域环境监测网。

（1）国家地表水水质自动监测网

我国从 1999 年开始，在部分主要流域开展了地表水水质自动监测网络建设工作。国家网由网络中心站和水质自动监测子站组成，网络中心站设在中国环境监测总站，各水质自动监测子站委托地方环境监测站（简称"托管站"）负责日常运行和维护。在我国重要河流的干支流、重要支流汇入口及河流入海口、重要湖库湖体及环湖河流、国界河流及出入境河流、重大水利工程项目等的断面上建设了 100 个水质自动监测站，监控包括 7 大水系在内的 63 条河流、13 座湖库的水质状况。

地表水水质自动监测站主要由地表水自动监测系统构成。该系统由一个远程控制中心（简称"中心站"）和水质自动监测子站组成，它以在线自动分析仪器为核心，运用现代传感技术、自动测量技术、自动控制技术、计算机技术、卫星通信技术等组成一个综合性的水质在线自动监测体系。中心站设在中国环境监测总站。水质自动监测站的监测项目包括水温、pH 值、溶解氧（DO）、电导率、浊度、高锰酸盐指数、总有机碳（TOC）、氨氮，湖泊水质自动监测站的监测项目还包括总氮和总磷。采用的分析仪器均为符合有关技术要求并经过验证合格的仪器。一般监测频次可设为每 2 小时或 4 小时监测一次（即每天 12 个或 6 个监测数据），当发现水质状况明显变化或发生污染事故时，监测频率可调整为连续监测。为保证自动监测的数据质量，总站对各托管站实施了"周核查、月对比"的质量管理措施，定期进行仪器校准，定期更换老化的电极，不断强化自动监测的质量管理工作。

环境保护部自 2009 年 7 月起开始对全国主要水系 100 个国控水质自动监测站的 8 项指标的监测结果进行网上实时发布。国家地表水水质自动监测系统充分发挥了实时监视和预警功能，在及时掌握主要流域重点断面水体的水

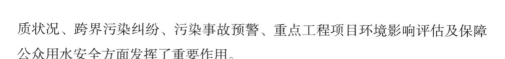

质状况、跨界污染纠纷、污染事故预警、重点工程项目环境影响评估及保障公众用水安全方面发挥了重要作用。

（2）国家地表水环境监测网

2003年国家环境保护总局下发了《关于新建和调整重点流域环境监测网的通知》（环发〔2003〕46号），新建和重新调整了国家环境监测网。文件确定了长江、黄河、淮河、海河、珠江、辽河、松花江、太湖、巢湖和滇池十大流域国家地表水环境监测网。截至2015年年底，环保部在全国重点水域共布设972个国控断面，监控318条河流，26个湖（库），共262个环境监测站承担国控网点的监测任务。常规监测主要以流域为单元，以优化断面为基础，采用手工采样、实验室分析的方式。自2003年开始，监测网每月开展监测，监测时间为每月的1~10日。河流的监测项目为水温、pH值、电导率、溶解氧、高锰酸盐指数、五日生化需氧量、氨氮、石油类、挥发酚、汞、铅等11项，部分省界断面还进行流量监测，以计算污染物通量。湖库的监测项目在河流监测项目的基础上，增加总磷、总氮、叶绿素a、透明度、水位等5项。地表水常规监测的监测断面布设、样品采集、样品保存和运输、水体监测等均按照《地表水和污水监测技术规范》（HJ/T91—2002）进行，分析方法均采用国家标准方法。每月编制《地表水水质月报》。

"十二五"期间，我国的地表水监测工作逐步将范围扩大至十大流域片的干流及一级支流、重点湖库和重要边境河流、湖泊。监测方式依然以手工监测为主，自动监测为辅。监测项目主要为地表水环境质量标准中的24项基本项目。

（3）饮用水水源地在线监控

饮用水水源水质的保护一直是环境保护工作的重点。建立饮用水水源地在线监控系统，加强对饮用水水源地的环境监管，对保障饮用水安全具有重要意义。根据2012年第十一届全国人大常委会第二十七次会议，环保部提出将积极推动饮用水水源环境监测信息公开，将集中式生活饮用水水源地的水质监测工作纳入全国环境监测工作的要点，要求各级环保部门加强水质监测。在饮用水水源环境信息监控公开方面，监测发布饮用水水源水质信息。

现在信息公开不足的方面是全国城镇、县级市饮用水水源地的水质，主要原因是这些城市的环境监测部门尚不具备对 109 项指标的监测能力。环保部要求这些地区加强环境监测能力建设，加大监测力度。

我国某些省、市已经建立了饮用水水源地监测系统。如浙江省建立的饮用水水源地水质自动监测系统可实现全省县级以上集中式饮用水水源地水质实时监测，最大限度保障城乡居民饮用水安全。目前，全省 81 个饮用水水源地的 88 个水质监测自动站已正式运行，能够分别监测和预警 21 个市级饮用水水源和 60 个县级饮用水水源的水质，基本实现了全省县以上主要饮用水水源地水质监测和预警的自动化控制，能够实时反映饮用水的水环境质量和变化状况。同时根据站点条件，采取租用水库用房、铁甲站房和集装箱式监测房等多种建站方式，特别是针对以湖库富营养化及藻类监测为主要目的的站点，首次采用了浮标站建设的形式。整套系统监测包括藻类、生物毒性及有机物在内的 40 多项指标，是全国监测因子最为齐全的水质监测系统。建成的中心管理控制系统，实现了对 81 个水源地水质自动监测数据和视频图像的采集、传输、存储功能，并具备分析、发布、应用等管理功能；具备基于主干网的省、市、县 3 级数据审核上报功能；具备在紧急情况下的监测预警能力。

南京饮用水水源地水质监测系统已于 2012 年建成并投入运行，该系统对夹江水源地实施了在线监测，监测站可以监测 pH 值、化学需氧量（COD）和氨氮等常规 5 项参数。夹江水源地全长 13.8 km，有城南、北河口、江宁 3 个水厂在此取水，供应南京 70% 的饮用水，是南京最大的饮用水水源地。取水口实行 24 小时在线监测，水厂每天早晚两次对饮用水水源地水质监测，南京市水利局每 10 天出一次旬报，内容包括 pH 值、COD 和氨氮等常规 5 项参数。

我国其他一些城市如福州、广州、呼伦贝尔等，也在相继开展饮用水水源地在线监控系统的建设，其中福州市城区集中式饮用水水源地已全部实现了水质自动监测。

（4）全国近岸海域环境监测网

国家环保局于 1994 年成立了全国近岸海域环境监测网，由中国环境监测总站和沿海 11 个省、市、区环境监测站组成，网络成员单位共 65 个，2004 年调整为 74 个成员单位。2008 年，全国近岸海域监测网已经开展了近岸海域海水水质监测、入海河流污染物入海量监测、直排入海污染源污染物入海量监测、部分沿海城市海水浴场水质监测等工作；同时，部分网络成员单位还开展了近岸海域表层沉积物、生物监测等工作。

近岸海域环境监测网的主要任务是实现陆源污染物入海总量监测常规化、近岸海域环境监测规范化、近岸海域突发污染事故监测快速化、陆源污染与海洋环境监测一体化，从而全面准确地掌握我国近岸海域环境质量状况，及时、准确、可靠、全面地反映近岸海域污染状况、环境质量状况及其发展变化趋势，反馈入海污染治理效果等管理信息，为环保管理部门进行海洋环境管理、规划和近岸海域资源的可持续开发利用提供科学依据。

（5）城市环境空气质量监测网

我国从 2000 年开始，中国环境监测总站根据国家环境保护总局的有关要求，组织了 47 个环境保护重点城市开展城市环境空气质量日报和预报工作，监测项目为 SO_2、NO_2 和 PM10，发布形式为空气污染物指数、首要空气污染物、空气质量级别和空气质量状况，2001 年向社会发布了 47 个城市的空气质量日报和预报。截至 2015 年，全国已有 338 个地级以上城市实现了环境空气质量日报，并通过地方电视台、电台、报纸或互联网等向社会发布。

由中国环境监测总站建立的全国城市空气质量实时发布平台通过互联网实时发布全国 1497 个国控空气质量自动监测点的空气质量数据，监测指标包括 SO_2、NO_2、CO、O_2-1h、O_2-8h、PM10、PM2.5、AQI 等。从 2012 年开始，按照《环境空气质量标准》（GB 3095—2012），我国首批 74 个城市根据新标准监测并发布环境空气质量月报及季报。

根据环保部《2013 年第二批中央财政主要污染物减排专项资金项目建设方案》要求，2013—2014 年，我国将初步搭建京津冀及周边区域环境空气质量监测预报平台，在中国环境监测总站建立覆盖北京、天津、河北、山东、山西、内蒙古 6 省（市、区）范围的京津冀及周边区域的环境空气质量监测预报预警中心，覆盖以上 6 个省级单位约 1 500 000 km^2 的区域，实现未来 3 天空气质量预报和未来 7 天污染趋势预测；建立预报预警业务平台，开展区域污染形势预报，开发区域分级业务预报产品，指导各城市 AQI 预报工作；建立区域空气质量预报业务会商制度、重污染预警专家会商制度、重污染预警信息发布机制，实现区域空气污染预报预警、联合会商、预报预警产品分级互动业务工作的常态化。

（6）沙尘暴监测网

2000 年起，中国环境监测总站组织 43 个地方环境监测站建立了沙尘暴监测网。这些监测站主要分布在新疆、甘肃、宁夏、内蒙古、山西、河北和北京等中国北方地区，主要监测项目为 TSP（总悬浮颗粒物）、PM10。多数站点采用手工监测，各站点通过传真方式向总站报送数据和报告。"十一五"期间，全国沙尘暴监测网得以扩大，包括 3 个省监测站和 76 个城市监测站。各站配备 TSP、PM10 和气象等自动监测设备，实时监测沙尘暴的发生、传输、影响范围和影响程度。

（7）酸沉降监测网

2001 年，为了解我国酸雨污染现状和发展趋势，根据国家环保总局的要求，由中国环境监测总站组织各级监测站在 2002 年开展了全国酸雨普查工作，并向总局提交了调查报告。此项工作为了解全国酸雨状况和分布积累了初步数据，推动了全国酸雨监测工作的进展。

为进一步核实我国酸雨污染的年际变化规律，更准确地确定全国酸雨区域分布状况和污染程度，更好地为制定酸雨防治战略，国家环保总局决定在 2004 年和 2005 年继续开展酸雨普查工作。参加 2004—2005 年全国酸雨普查的城市共有 679 个 [其中地级以上城市 283 个，县级市、县（区）共 396 个]，点位 1 122 个（其中城区点 864 个，郊区点 258 个）。截至 2008 年，全国有 190 个监测点安装了降水自动采样器，开展离子组分监测的城市有 301 个，能够开展 8 项离子测定的城市有 201 个。

1998 年，经国务院批准，我国正式加入东亚酸沉降监测网。东亚酸沉降监测网是一个地区性环境合作项目，由日本于 1993 年发起并组织，目前共有中国、柬埔寨、老挝、印度尼西亚、日本、蒙古、马来西亚、菲律宾、韩国、俄罗斯、泰国和越南等东亚地区 12 个国家参加。1998 年 10 月，由国家环境保护总局牵头，中国环境监测总站组织重庆、西安、厦门、珠海等 4 个城市成立了东亚酸沉降监测网中国网。东亚酸沉降监测网中国网分中心各城市的主要工作包括承担本地区湿沉降、干沉降、土壤（植被）和内陆水的监测工作；按照中国网国家监测计划和《东亚酸沉降监测技术指南手册》的要求，定期将本地区的监测数据整理、分析、汇总后上报中国网分中心，同时将同期质控数据上报中国网分中心。东亚酸沉降监测网中国网分中心的主要工作包括编制中国网各种监测技术报告，对国内城市报送的监测数据进行分析、整理、汇总，并编写数据总结报告，上报国家环保总局审批后报至东亚酸沉降监测网络中心；编写每年的监测工作计划和人员培训计划，实施中国境内 QA/QC（Quality Assurance/Quality Control）活动，定期对监测人员进行岗位培训和技术指导；负责与东亚酸沉降监测网临时中心的联络。

（8）国家生态环境监测网

我国生态环境监测工作开始于 20 世纪 90 年代末期，陆续开展了生态遥感监测与评价、土壤环境监测、农村环境监测、湖泊湿地藻类水华监测等工作，初步建成了国家生态环境监测业务和技术体系，组建了由总站和 31 个省级环境监测站为骨干、部分地市级环境监测站为成员的国家生态环境监测网，具备生态遥感监测、水生生物监测、生态环境综合分析评价和监测的能力。

2000—2003 年，国家生态环境监测网完成了我国西部地区生态环境状况遥感调查及我国中东部生态调查与评估专项调查；2003—2005 年，开展了全国"菜篮子"种植基地环境质量监测；2006—2010 年，参加了全国土壤污染状况专项调查，制订了土壤污染调查总体方案和多项技术规定，编制了全国土壤环境质量专题报告。从 2006 年起，全国生态环境监测与评价工作纳入国家环境监测网，成为国家环境监测例行任务，每年编制国家生态环境质量报告；2008 年起，每年开展太湖、巢湖、滇池及三峡库区藻类水华预警及应急监测工作，编制藻类水华预警监测日报、快报、周报及月报；2009 年起，启动全国农村"以奖促治"村庄环境质量监测工作，探索农村环境监测技术路线。

"十二五"期间，全国生态环境监测网围绕国家主要生态环境问题，积极服务环境管理需求，在生态脆弱区、重要生态功能区、生态环境地面综合观测、生物多样性、湖泊湿地藻类生物监测、土壤环境监测、农村环境监测等方面继续开拓探索，基本建成了国家生态环境监测技术体系；基于遥感、航空及地面监测技术，实现了监测技术天地一体化、信息产品多样化的目标。

（9）国家临时土壤样品库

2010年，在环境保护部的大力支持下，中国环境监测总站建成了国家临时土壤样品库，并于2010年11月组织完成了全部土壤样品的整理、入库和上架工作，同时开发运行了土壤样品信息数据库系统。国家临时土壤样品库是我国环境保护的重要基础设施，保存的不同历史时期的土壤样品基本覆盖了我国除港澳台以外的全部陆地国土。土壤样品含有丰富的环境特征信息，对于掌握不同历史阶段土壤环境状况及其变化趋势有着不可替代的作用，对于我国的土壤环境保护具有重要意义。

配套开发的土壤样品信息数据库系统，实现了对土壤样品采集点信息、土壤样品存储位置信息的规范化管理，能够通过查询不同行政区、不同土地利用类型以及样品条码等多种途径方便快捷地获取土壤样品信息，为更好地管理和利用这批十分珍贵的国家级土壤样品奠定了良好的工作基础。

（10）存在的问题

其一，我国环境质量监测能力建设水平滞后，监管能力与任务要求有差距。能力建设是一项系统工程，包括队伍建设、人才培养、硬件配置、经费保障等诸多方面，各方面齐头并进的局面尚未形成，与监测任务需求增加相比，能力建设滞后。根据《国家环境保护"十一五"规划中期评估》（吴舜泽等，2011），我国省级监测站常规监测能力达标率为35.29%，地市级监测站常规监测能力达标率为23.06%；区县级监测站常规监测能力达标率仅为16.94%；东、西部的监测能力也存在较大差异。环保监测执法业务资金投入、人员编制及场地仪器设备等不足，成为制约环境监管能力提高的薄弱环节。

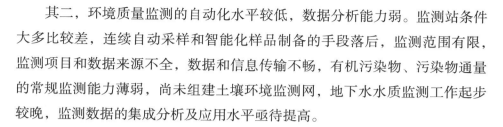

其二，环境质量监测的自动化水平较低，数据分析能力弱。监测站条件大多比较差，连续自动采样和智能化样品制备的手段落后，监测范围有限，监测项目和数据来源不全，数据和信息传输不畅，有机污染物、污染物通量的常规监测能力薄弱，尚未组建土壤环境监测网，地下水水质监测工作起步较晚，监测数据的集成分析及应用水平亟待提高。

2. 国家重点监控污染源自动监控系统

（1）国家重点监控污染源自动监控系统概况

国家重点监控（简称"国控"）企业污染源自动监控项目由环境监察局业务牵头，环保部科技标准司、环保部环境信息中心、中国环境监测总站等共同参加，环保部规划及财务司综合协调、监督实施。实施单位主要是环保部、区域督查中心，以及31个省级（含新疆生产建设兵团，不包含西藏自治区）环保局（厅）、财政厅（局）。由环保部环境监察局建立和维护全国重点污染源数据及系统，并将其纳入统一的信息网络，以指导全国排污收费以及全国污染源自动化监控体系的建设工作，对工业污染源进行监管，及时准确地掌握工业污染源信息。

污染源自动监控项目在国家重点监控企业安装污染源监控自动设备，同时建设国家、各省（自治区、直辖市）、地市三级污染源监控中心并联网，将自动监控设备监测到的国控重点污染源污染排放数据即时传送到三级监控中心。国家规定对重点污染源企业（废水排放量 ≥ 5 000 t/d）实施自动在线监控。污染源自动监控系统能监控水污染物中 COD、TOC、氨氮、总磷以及部分重金属，大气污染物中的 SO_2、NO_x、烟尘等主要污染因子，还能够通过视频监视污染源现场情况。环保部环境监察局通过"环境保护部污染源监控中心"网络平台进行国家重点污染源自动监控工作进度调度、国家重点监控企业排污费征收公告在线填报、重点污染源自动监控基本信息核查以及自动监控系统培训组织等工作。

污染源自动监测在治污减排工作中的广泛应用既是污染源监测技术发展的必然趋势，也是环境保护的迫切需要。2004 年 11 月，环境监察局在总局网站和中国环境监察在线网站上发布了《关于征集污染源在线自动监控（监测）系统数据传输和接口标准技术资料的通知》，向社会广泛征集相关技术资料，开始启动污染源自动监控项目标准建设工作。2009 年年底，监控重点污染源基本完成了现场端自动监控设备的安装，并与本地监控中心联网，实现了实时污染源信息的传输。环保部 2013 年 12 月 24 日公布《2013 年第二批中央财政主要污染物减排专项资金项目建设方案》（简称《方案》）指出，2013 年国控重点污染源 4 项主要污染物监督性监测运行经费总额为 3.54 亿元。环保部表示，国控重点污染源监督性监测是减排"三大体系"建设的重要内容之一。随着工作的不断深入，我国国控重点污染源监督性监测已经实现常态化运行。

（2）污染源自动监控系统的构成

污染源自动监控系统由自动监控设备和监控中心组成。自动监控设备是在污染源现场安装监测污染物排放的仪器、流量（速）计、污染治理设施运行记录仪和数据采集传输仪等仪器、仪表。在监控中心，环保部门通过通信传输线路与自动监控设备连接用于对重点污染源进行实时、自动监控的软件和硬件，硬件包括服务器、污染源端数据接收专用设备、显示与交互系统、监控网络基础环境等，软件系统包括污染源监控基础数据库、污染源监控应用系统、数据传输与备份系统、网络安全系统等。其中污染源监控基础数据库包括国家重点监控企业的基本信息、生产工艺、污染治理设施、排污状况、排污数据、实时监控数据以及全国联网企业的排污情况台账等数据。

监控系统具备公众监督与现场执法功能，利用已有的 12369 全国统一呼叫热线，将各种公众举报投诉线索纳入系统管理并与污染源监控基础数据库关联，鼓励公众发现、举报国控企业和其他排污单位的违法排污行为，及时进行现场执法和查处。通过系统对执法与处理、处罚情况进行记录与分析，确定违法排污的地域、流域、行业等特点，提高执法的针对性、有效性，为上级督察、稽查提供目标，促进地域、流域、行业等的减排。

国家重点监控企业排放口安装的自动监控设备是整个系统污染源监控信息的直接来源。每个排放废水的国控企业按照 1 个排放口，每个排放废气的国控企业按照 2 个排放口安装污染源自动监控设备。污水类监控设备包括 COD 在线监测仪、流量计、污染治理设施运行记录仪、数据采集传输设备、等比例采样仪（选装）、pH 在线监测仪（选装）、视频监控设备（选装）；废气类监控设备包括 SO_2 在线监测仪、流速在线监测仪、数据采集传输设备、污染治理设施运行记录仪、视频监控设备（选装）等。由中国环境监测总站建立质量保证和质量控制实验室，对国家重点监控排污企业需要安装的各类自动监控设备进行适用性检测，检测设备是否符合国家技术标准、规范，设备质量是否稳定可靠，数据能否准确传输等。

由各级环境监察机构对国家重点监控企业的基本情况、污染物排放相关数据和信息进行收集整理，经现场核对、综合分析确认，录入并报送至环保部国家重点监控企业基础数据库。

（3）地方监控系统的建设与运营

部分省市在对国控污染源监控的基础上，逐步扩展污染源监控范围，将省控污染源、其他污染源也逐步接入在线监控系统。

江苏省于 2007 年正式实施国控污染源自动监控项目，省环保厅成立了以主要领导为组长、处室负责人为成员的污染源自动监控系统建设领导小组，编制了《江苏省污染源自动监控系统建设方案》，明确了建设的两大内容：按污染源监控中心建设规范建立省、市两级污染源监控中心；在全省所有国控（省控）污染源安装现场端自动监控系统，并与省、市、县级环保部门的监控系统实现联网。2008 年年底前，江苏省完成了省级监控中心与 13 个省辖市监控中心的传输对接，742 家国（省）控污染源（水污染源 291 家，气污染源 232 家，污水处理厂 219 家）与省、市、县级环保部门联网，联网率 100%。至 2009 年，省级监控平台已经兼具污染源监控和应急指挥功能，可现场调取全省国控（省控）污染源数字数据和监控视频。发生突发事件时，可实现前、后方实时对话。全省 2 254 家工业企业安装了自动监控设施，其中国（省）控污染源 742 家共安装了 790 台（套）监控装置，数量超过全国的 1/10。监控系统主要采用由企业委托第三方的运营模式，如无锡、常州、苏州等市基本采用这种模式，并在全省推广。同时，各市对国（省）控污染源每季度进行一次比对监测，以核实监测数据的准确有效性。同时省环保厅按照《国家重点监控企业污染源自动监测设备监督考核规程》（环发〔2009〕88号），对各市监控中心稳定运行率、重点源联网率、设备完好率等进行实时统计，每日通报并将考核结果纳入各市评先考核中。目前，江苏省污染源自动监控数据已初步应用于该省污染减排、环境执法、排污申报核定与收费等领域。

北京市建立的"污染源在线自动监控系统"已将219家单位排放的废水、废气等污染物纳入在线监控范围。该系统与国（市）控企业实现了联网，其中包括对121家锅炉房的废气排放进行监测。系统会根据排放源不同、数据采集频率不同，每5分钟刷新一次污染物排放数据。系统包含实时数据、报警监控、污染源监控和数据审核等功能模块，由技术员进行巡视，并及时将结果报送监察总队。

（4）存在的问题

我国污染源自动监控系统经过10多年的建设，技术越来越先进，功能越来越丰富，但要使自动监控系统更完善，使其满足新时期环境预警与监控的要求，还有很多问题迫切需要解决。

一是国控污染源在线监控建设缺乏系统规划，在线监控建设设备标准、建设时限、运营管理及违章处罚缺乏法规依据。污染源自动监控市场不够规范，尤其是硬件品牌多样，规格不一，终端建设情况复杂，对数据的集成应用及分析造成一定困难。

二是自动监测监控设备的主体和用途定位模糊。一方面，目前自动监测监控设备被视为企业的环保设施，而非环保部门的监测设备。另一方面，在线监测数据作为收费、行政处罚和减排核算依据的时候，存在着准确定量和数据合法性的问题。根据《中华人民共和国计量法》规定，列入环境监测强制检定目录的计量器具必须强制检定。水质污染监测仪已列入目录，因此，周期性检定势在必行，否则，数据就没有合法性。目前，由于缺乏相应的资质、技术，对此开展年检的计量部门不多。

三是自动监控数据的可信度有待提高。一方面，在线监测COD的方法

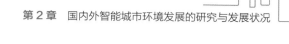

众多，适应水质也不同。仪器采样条件、分析方法与实验室的差异决定了最高 30% 的分析误差，需要通过不断提高技术、加强维护、校验、比对，减少误差，尽可能真实地反映水质状况。另一方面，少数企业唯恐超标排污受罚，便人为控制仪器让数据常年在一定范围内波动，从不超标，与环保部门的抽检性监测数据相差很大。

四是日常环境管理与自动监控存在脱节现象。由于缺乏强制使用自动监控数据的措施，环境统计数据、核查排污费、审批建设项目等工作与自动监控数据的使用存在脱节现象，污染源监控的数据只有主管这项工作的人员在关注，导致环境自动监控效果有限。

3. 环境应急监测

（1）现状

随着我国工业化、城镇化的快速发展，城镇人口的集中化以及生产生活活动的集约化，各种环境突发事件的发生频率迅速攀升。据统计，近年来全国每年突发环境事件均在 1 400 起以上，包括泄露、爆炸、直接排放或倾倒等造成的各种污染事故，重大、特大事故有 2006 年松花江污染事故、2007 年太湖蓝藻暴发、2010 年大连石油管道爆炸、2012 年广西龙江镉污染事件等。2013 年水污染事故频发，山西长治苯胺泄漏污染河流，云南省昆明市东川区出现"牛奶河"，广西贺州市发生水体镉、铊等重金属污染事件，饮用水安全受到严重威胁。

频发的环境事故给人们的生产生活造成了严重的影响和经济损失，这类事故形式多样、发生突然、难以处理，直接威胁人民群众的身体健康和财产安全，引起了政府和社会的广泛重视，也使得我国环境应急监测工作面临严峻的考验和挑战。

2006 年，我国发布了《国家突发环境事件应急预案》，对于完善突发环境事件应急法律制度，提高政府预防和处置突发环境事件的能力，具有重要的意义。我国各级环保部门都成立了应急监测小组、制订了应急监测预案，对应急监测人员的职责、程序、各部门之间的协调等内容进行了规定。2011

年环保部发布了《突发环境事件应急监测技术规范》，规定了突发环境事件应急监测的布点与采样、监测项目、相应的现场监测和实验室监测分析方法、监测数据的处理与上报、监测的质量保证等技术要求。该标准适用于因生产、经营、储存、运输、使用和处置危险化学品或危险废物以及意外因素或不可抗拒的自然灾害等因素引发的突发环境事件的应急监测，包括地表水、地下水、大气和土壤环境等的应急监测。

除了建立应急预案及相应技术规范，环境监测应急能力建设以及多部门相互配合尤为重要。环境保护部环境应急与事故调查中心开展的应急监控业务包括：对环境风险企业的监控管理，环境风险预测预警，突发环境事故信息报送、现场处置、后期调查、后期评估等事中和事后信息的一体化管理，以及对 12369 环保举报热线的管理；对全国各环境部门环境应急能力建设的网上填报与审核管理；突发环境事件季、半年、年报的收集与统计分析。

国家环境监测总站及地方各级环境监测站是突发性环境污染事故应急监测的主要承担单位。按照城市管理布局，环境保护实行区域管理。作为县级监测站，如果辖区发生污染事故，必须发挥急先锋的作用，在接到通知后第一时间赶到现场，根据自身经验和仪器设备快速做出判断，对于超出能力范围内的污染事故必须马上通知上级监测站并协助其开展工作。环境应急监测是事故应急的一个重要的基础内容，它为事故应急提供了准确的数据和科学的保障，对于防范突发性环境污染事故，在事前预防、事中监测、事后恢复的各个过程中起着极其重要的作用。

应急监测为事故处理决策部门快速、准确地提供引起事故发生的污染物质类别、浓度分布、影响范围及发展态势等现场动态资料信息，为事故处理做出快速、准确的决策赢得宝贵时间，为有效控制污染范围、缩短事故持续时间、将事故的损失减至最小，提供有力的技术支持。

（2）应急监测技术

应急监测通常需要综合应用 GPS、GIS、RS 以及通信技术等，快速开展工作。应急监测一般包括应急监测准备、现场监测、事故恢复监测 3 个阶段。

在应急监测中运用 GPS 技术，可以对有关空间对象，如事故现场、监测点位、敏感目标等进行精确定位，一方面便于对事故的影响范围做空间分析，另一方面便于监测点位的布设。在这些空间信息中，有些信息，如各企业的位置、敏感目标的位置等要事先用 GPS 进行定位，并建立数据库；有些信息，如事故现场的位置，具体的监测点位等是在应急监测过程中临时进行定位的。

　　将地理信息技术应用于应急监测中，可迅速定位事故发生地，查询事故发生地周围的区域状况、人口分布，寻找环境敏感点，在电子地图上对监测数据进行时间、空间的分析，划定事故影响范围等，实现事故污染源的可视化。

　　应急监测需要及时掌握事故进展情况、救援情况以及自然条件变化的情况，调整监测方案。因此，应急监测组要与事故救援指挥中心保持畅通的信息交流，信息的通信类型包括语音、图像和数据。由于事故发生地点是不确定的，因此，通信技术主要采用无线通信技术，如基于 GSM/CDMA/GPRS 通信技术、微波通信技术等。

　　在应急监测准备阶段，应获取事故地理位置及事故信息，预测事故影响范围及事故等级，制订应急监测方案。利用事故初步信息，结合当时的气象水文资料，运用污染物在水中的扩散模型（河流模型、河口模型等）、污染物在空气中的扩散模型（高斯扩散模式、重气扩散模式），对事故的影响范围做初步的预测，标识出事故影响范围。根据事故的人员伤亡、财产损失的预测状况、污染物的预测影响范围、环境敏感点及污染物的特性等信息确定事故等级。制订的应急监测方案应包括监测点位的布置以及监测方案的实施细节。监测点位的布置要综合考虑事故的影响范围、环境敏感点和监测站的监测能力等因素，按照尽量多点位的原则布设监测点位，并计算出每个监测点的位置。监测方案要包括具体的监测项目、监测方法、监测频次、主要仪器设备、监测人员及其防护措施等信息，使应急监测的项目、方法、布点方案以及监测结果的记录表等信息形成监测任务书，交现场监测人员进行实际监测。

　　在事故现场实施的监测工作包括获取并分析监测数据、调整监测方案，现场应急监测人员根据监测任务书实施应急监测。由于事故现场的情况比较复杂，因此在监测时，监测点可根据实际情况进行调整，监测人员记录实际监测点位信息，并将信息连同监测结果交应急监测指挥中心进行数据分析。应急监测指挥中心通过对监测数据进行分析，绘制污染物浓度等值线，结合当地的气象水文参数、污染物的类型，结合优化扩散模型，再次预测污染物的扩散范围。在完成几轮监测后，需要对监测数据做时间域上的分析，通过绘制每一监测点监测数据随时间变化的曲线来预测事故的发展趋势，并分析现有救援措施的有效性，以便应急救援指挥中心及时调整救援方案和人员撤离方案。

当事故救援工作采取有效措施后，泄漏源得以消除、事故影响范围不断缩小，事故救援工作进入事故恢复阶段。在该阶段还需要继续进行环境监测工作，配合有关部门及突发环境事故单位恢复生产、现场洗消和查找事故原因；对事故造成的直接损失和生态破坏进行评价，对影响范围进行科学评估，提出补偿措施并针对遭受破坏的生态环境提出恢复措施建议；对事故可能引起的中长期影响进行持续的监测和评价。

（3）应急监测案例

◎青海玉树抗震救灾和环境应急监测工作

2010年4月14日，青海省玉树藏族自治州玉树县发生7.1级地震。灾情发生后，在环保部领导和青海省抗震救灾指挥部的统一调度下，中国环境监测总站迅速派出专家和技术人员赶赴灾区现场进行指导，投入应急监测工作，解决监测中的技术疑难问题。技术专家在现场开展水样生物毒性指标的测试工作，组织当地监测人员参加了包括生物综合毒性检测仪、便携式色质联用分析仪、发光细菌毒性检测仪在内的多种应急监测仪器的培训工作，协助并指导相关人员完成了相关应急方案、报告的编制工作。

◎吉林危化品桶被冲入松花江事件应急工作

2010年7月28日，吉林省永吉县山洪暴发，使装有三甲基氯硅烷等物质的化学原料桶被洪水冲入松花江。事件发生后，中国环境监测总站分析室立即组织技术人员于第一时间提供资料，为地方站提供了污染物理化性质及毒性、处理处治等应急监测的相关资料及方法。28日当晚，分析室即开展了相关污染物的分析方法的实验研究。经过7个多小时的连夜奋战，于次日凌晨建立了相关污染物的5种分析方法；在了解到地方站缺少监测所需相关化学试剂后，又组织技术人员迅速为黑龙江省站和吉林省站提供监测污染物及其水解产物的化学试剂，并为吉林省站提供了109项水质全分析标准样品。7月31日，总站派出应急专家和技术人员赶赴黑龙江应急监测现场，协助解决污染物分析化学试剂缺乏和监测分析中的相关技术问题。技术人员改进和完善了污染物及其水解产物的分析测试方法，就酸碱性及水解时间对监测结果的影响开展了后续实验研究，同时广泛收集了相关污染物的国外标准及毒理学资料，为后续监测评估工作提供支持。

◎广西龙江河镉污染事故应急监测工作

2012年1月13日，河池宜州市怀远镇罗山村的龙江河段网箱有小鱼死亡现象。1月15日，当地环保部门接报后高度重视，立即启动预案并展开调查，发现龙江河宜州拉浪码头水体重金属镉严重超标。1月27日，中国环境监测总站王业耀副站长率分析室技术人员携带便携仪器、试剂和耗材赶赴龙江河镉污染应急监测现场，指导应急监测工作。龙江河突发环境事件应急指挥部组织讨论会，制订了应急监测所采取的质控措施、监测分析方法以及应急监测的组织和管理措施等。在环保部和总站统一协调下，广西、湖南、四川的22个环境监测站，459人、182台（套）监测设备、77辆车参与现场监测工作。各监测队伍按照现场应急指挥部的统一部署，在龙江至柳江200多千米河段共布设20个定点监测断面和数十个巡测点，对重点断面实行严密监测监控。在柳州、河池、来宾3市监测站采用了实验室分析手段，进行了严格的质量控制，并采用6辆自动监测车、20多套便携式重金属监测分析测定仪进行现场实时监测，提供快速预警监测数据。

（4）存在的问题

我国当前环境应急监测能力建设中所存在的问题体现在以下几方面。

◎环境应急监测技术规范及方法标准欠缺

目前应急监测的方法标准欠缺，现有的应急监测技术规范远远不能覆盖复杂多样的环境事故污染物监测需求，亟须紧扣环境污染实效性强、事故现场实验条件限制多等特点建立完善的应急监测技术的标准方法体系。该体系应该涵盖大气、水体、土壤中的无机物、有机物及生物指标。每个方法标准应说明其原理、适用范围、检测浓度范围、适用的仪器设备原理、具体的操作步骤和 QA/QC 要求。此外，应丰富应急监测技术路线，细化应急监测网、监测技术、监测指标、监测频次、监测方法等。

◎缺乏环境应急监测设备和经费保障

应急监测不同于常规监测，环境应急监测的设备和经费投入只是为了应对可能发生的突发性污染事故。应急监测的设备具有快速、及时、便于携带、快速鉴定等特点，包括无机类便携仪器、有机类便携仪器、生物类便携仪器等，这些仪器设备的针对性较强，价格比较昂贵。污染事故的发生很难预测，污染事故的种类也多种多样，各级环境监测站很难配备全部相应设备，这就需要大量的经费投入来保障。特别是市县地区缺乏应急监测仪器及试剂，一旦发生特大污染事故，往往需要等候调配援助。

◎环境监测站硬件设施不完善，缺乏专业技术人员

应急监测能力不强、监测水平滞后已经成为制约环境保护事业快速发展的重要因素。就全国环境监测站而言，省级和市级的环境监测站的硬件设施相对完善，监测队伍的人员配置较多，监测人员的专业知识和业务技能较强；而各个县级环境监测站的能力建设严重滞后，环境监测技术力量薄弱，人员配置、硬件建设与工作要求之间存在很大的差距，环境监测人员严重不足，专业技术人才严重缺乏，业务水平低下，硬件投入不足或设备老化，有的监测站连基本的常规项目都无法化验，无法开展正常的环境监测工作。因此，环境监测工作急需在人力、物力、财力上加大支持力度，加大对突发性环境污染事故应急监测的投入，全面加强环境应急监测能力建设，提升环境应急监测的技术装备水平。

（二）我国环境管理信息系统建设及发展

1. 发展阶段

我国的环境管理信息系统建设起步较晚，发展较快，进展分为 3 个

阶段。

1980—1990 年属于探索阶段，我国投入了大量的人力、财力，开始探索研制环境信息系统，初步建成了一些研究型的环境信息系统，如国家水质管理信息库以及一些地方性环境管理系统。1988 年，上海市环境保护局进行环境信息库及信息系统总体方案的研究，计划用 10 年左右的时间基本建成一个由环境基础信息库、计划管理系统和环境决策支持系统组成的环境信息系统，并在 20 世纪 90 年代初基本实现了第一目标。这一阶段的系统基本以简单的环境信息管理功能为主。

20 世纪 90 年代至 20 世纪末，随着 IT 技术的飞速发展及其在各行各业的渗透，各级环保部门在环境管理各领域广泛开展了环境信息系统建设，这一阶段主要是应用先进的计算机信息技术，结合本地的管理特点和需求，将环境信息系统应用于日常的环境管理和环境决策支持中，如 1994 年江苏省环保局和清华大学环境工程系合作开发了我国第一个省级先进环境管理信息系统——江苏省环境信息系统。其他城市也相应建立了环境管理信息系统，如大连市环保管理信息系统、苏州市环境信息系统、无锡市太湖流域区域环境信息系统及福建省罗源湾海洋环境信息系统等。此外，我国还针对两条重要河流（长江与黄河）分别建立了黄河水环境地理信息系统及长江口潮滩环境信息系统，这一阶段的研究与实际开发使得环境信息系统的理论、方法和技术得到了进一步的充实和完善。

进入 21 世纪，信息技术的飞速发展及其在环保领域的广泛应用，极大提升了环境信息化的应用水平和深度，为创新我国环境管理方式、提升环境管理水平提供了重要的技术保障和支撑。如应用物联网技术实现对大气、水、生态、危险化学品等各类环境要素的自动监控；应用遥感技术实现大面积、全天候的连续动态监测；应用网络技术、数据库技术、工作流技术，实现多级环保部门的污染源申报登记、排污收费等业务的联网办理及网络实时发布；应用 GIS 技术实现环境信息的空间可视化及空间分析功能。这一阶段建成了一批技术成熟、业务化运行的国家级环境管理信息系统，如国家环境监理信息系统、国家环境信息与统计能力建设系统、环境应急综合管理系统等。

2. 我国环境信息系统建设案例

（1）国家环境监理信息系统

国家环境监理信息系统是由环保部组织研制的一套在网络环境中运行的、以污染源实时监测为基础的环境管理信息系统。该系统的用户即系统服务的对象包括环保部（原国家环保总局）、省环保局（厅）、地市环保局、区县环保局、排污企业等。该系统的目标是建成覆盖全国的环境监理信息网，即连接以原国家环保总局为中心的广域网，以各省、市为中心的城域网以及企、事业单位的局域网；同时以环境监理信息网为基础，建设面向各级环保部门应用的环境监理信息系统以及面向排污企业的现场监测监控系统，从而实现各级环保监理部门环境监理工作的自动化、污染源的自动监测，以及重点污染源和重点污染区域的远程监控。

环保部处于四级用户中的最高一级，拥有最高控制权限，可要求其下各级用户上报所需的各类数据，也可对重要污染源进行实时监控。数据信息主要是指省和一些重点城市汇总上报的综合信息以及个别重点污染源的监测、监控信息。这些信息经过汇总、分析处理后，形成各种综合报表上报中央各级机关，并可为中央机关、各部委提供社会、经济发展决策所需的各种环境信息。

省环保局处于四级用户中的第二级，包括所有省、自治区、直辖市环保局，主要完成对地市环保局及企业的抽样监测，对地市环保局的数据采集，对国家环保总局的数据报送，并形成各种综合报表。数据信息主要是指所辖地市汇总上报的综合信息，重点区县的上报信息，个别重点污染源的监测、监控信息。

地市环保局处于四级用户中的第三级，是三级环保局中的最低一级，直接管理大量排污企业，包括地市、区县和大型企业的环保部门。这些用户具有相同的功能需求，如污染源的监测与监控，现场基础环境数据的采集、分析、汇总、上报，以及生成报表。该级用户的主要信息是污染源基础环境数据、污染企业信息。

企业处于四级用户中的最低一级，包括所有排污企业，用户数量庞大，主要完成污染源数据的实时采集、汇总和上传。数据信息主要是指污染源监测数据。

国家环境监理信息系统是一套系列软件，中央机、中枢机、中心机和现场机是其基本软件，这 4 套软件已通过了原国家环保总局组织的验收鉴定。2000 年 11 月中旬，国家环境保护总局监督管理已发文（环监发〔1999〕220 号）在全国大面积推广使用该软件，相应的软件培训工作也已全面展开。

在上述 4 套软件的基础上开发一系列的延伸系统，包括污染源智能报警系统、信息发布系统、GIS 系统、区域环境污染结构分析系统、环境质量评价系统、环境预测系统、环境影响评估系统、污染源远程监控系统、污染事故预警系统、办公自动化系统、排污总量控制技术支持系统、环境管理决策支持系统、可视化环境建模系统等。这些延伸系统有的以紧耦合的方式嵌入基础软件，有的则以松耦合的方式外挂到基础软件上。

由于受现场监测设备的限制，目前系统的应用范围主要是工业水污染点源的监测监控。环保部已部署力量全面研制实用性强、成本低廉、性能可靠的各种水污染、大气污染、噪声污染监测装置，并全面完善现场开放性设计的相应规范，做到仪器仪表及监控板卡的即插即用；同时逐步由点源监测监控向线源、面源监测监控拓展。届时将形成遍及全国的能对水、大气、噪声等进行全面监测监控的国家环境监理信息网，从而确保获得可靠、真实、全面的环境基础信息。

这些信息加上系统提供的数据分析处理能力和其他各种先进环境信息应用技术提供的支持能力，使得各部门可以从微观到宏观各个层次上准确地把握区域的环境问题，从而提高环境决策的科学性和环境管理的有效性，而且从监测、监控技术手段上保障了解决环境问题的基本战略（即排污总量控制战略）的实施。

（2）国家环境信息与统计能力建设项目

国家环境信息与统计能力建设项目（以下简称"能力建设项目"）以贯彻落实党中央、国务院关于节能减排工作部署为指导，以实现"十一五"期间重点污染物减排的目标指标为紧要任务，围绕建立与完善"科学的减排指标体系、准确的减排监测体系、严格的减排考核体系"的要求，加强数据传输、共享和应用能力、业务应用支撑能力、统计基础能力等环保信息化能力的建设，为实现"十一五"节能减排和环境保护工作目标奠定基础。

项目"十一五"阶段的建设目标包括如下 5 个方面：①制定 27 项与减排工作有关的信息化标准与技术规范；②建设覆盖国家、省级、市级、县级以及重点污染源的网络系统；③建立国家、省两级综合数据库并实现数据交换与共享；④建立国家、省两级减排应用支撑平台，开发环境统计管理系统、能力建设项目管理系统、减排数据管理与综合分析系统，形成对已有系统的集成能力和对未来业务系统的支撑能力；⑤建立并完善系统安全保障体系、系统运行维护管理体系。

能力建设项目是国务院加快污染减排"三大体系建设"重大专项之一，以实现节能减排和环境保护为工作目标，核心内容是建设国家、省、市、县环境保护业务专网，并在此基础上构建国家和省两级减排综合数据库平台，依托该网络建设国家环境数据传输与交换平台、应用支撑平台，连接和支撑多个与减排相关的业务系统。项目的主要建设内容包括建设项目管理系统、环境统计管理系统、数据管理与综合分析系统、排污申报系统、排污收费系统、污染源自动监控系统、公众监督与执法检查系统、污染监测管理系统以及环境质量监测系统。

该能力建设项目总体投资 5.79 亿元，建设内容复杂，涉及网络平台、基础软件支撑环境、数据库平台与应用系统、标准体系、安全与运行维护体系等多种类别；实施范围广，涉及国家、省、市、县多个层次；承建单位多，除国家各级环境部门外，项目设计为 32 个分项，通过公开招投标确定近 20 家承建商。项目实施主要分为网络建设、基础软硬件环境建设、数据与应用系统集成、运维体系建设等 4 个重大阶段，集中在 2011—2012 两年内完成，2014 年整体已经进入试运行和终验阶段。

国家环境信息与统计能力建设项目系统总体架构图由三纵五横组成，其中"三纵"指标准化体系、安全系统、运行维护体系，"五横"指展现层、应

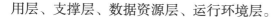

用层、支撑层、数据资源层、运行环境层。

◎展现层

国家环境信息与统计能力建设项目需要有一个集中、权威的信息发布渠道，并为环保专网所有用户办理业务的单一入口，实现统一认证、单点登录、信息聚合、个性化服务。

◎应用层

应用层包括本期及将来的新建应用系统和集成的应用系统。

新建的应用系统包括建设项目管理系统、环境统计业务系统、减排数据管理与综合分析系统。

集成的应用系统包括环境质量监测系统、排污申报管理系统、排污收费管理系统、污染源监督性监测管理系统、国家重点监控企业污染源自动监测系统、国家重点监控企业公众监督与现场执法管理系统。

◎支撑层

支撑层包括减排应用系统支撑平台、减排综合数据库平台、地理信息系统平台、数据传输与交换平台等。减排综合数据库平台是实现减排相关数据的采集、整合加工、管理、分析、共享服务的支撑平台。地理信息系统平台是实现环境空间信息采集、整合加工、管理、分析、共享服务的支撑平台。数据传输与交换平台用于实现环境保护部、省环境保护局、地市监控中心、区县环境保护局之间横纵贯通、数据传输交换，交换层主要是数据传输与交换平台，该平台由交换中心、交换总线、交换节点、交换平台管理组成。

通过该层的服务，各应用系统不需要再考虑与业务无关的其他功能，可在平台之上通过接口调用公用的服务实现其功能，而应用系统本身只专注于该系统核心业务的开发应用。同时，支撑层提供与业务密切相关的、各个系统共通的服务项目。

为了使系统具备良好的拓展性，实现系统的复用，在系统实现时要对公共的服务和通用业务服务进行归纳和封装。减排应用系统支撑平台为应用系统提供多种公共的服务，将系统各类公用的服务功能按照一定的形式进行封装，形成独立的子模块，各子模块对外提供可供访问的服务接口，对内则通过相应的机制形成一体化的基本服务层，为构建在其上运行的各应用系统提供各类通用的功能。

◎数据资源层

减排涉及的数据来源和类型很多，除了为减排应用系统支撑平台配置专门的业务数据库之外，其他数据均整合在减排综合数据库平台之上。这些数据资源通过信息资源目录等技术进行统一管理。

减排综合数据库平台包括汇集库、业务基础库、模型库、指标库、主题库、减排应用支撑平台数据库、空间信息库、共享信息库等。

◎运行环境层

运行环境层是国家环境信息与统计能力建设项目运行的基本支撑。由于系统是部署在各省的，所以各节点都有自己独立的运行环境。运行环境主要包括计算设备和存储设备，以及安装在设备上的各种中间件和系统软件。系统软件主要指依托国家电子政务外网建设的环保业务专网，而系统硬件平台包括交换机、防火墙、服务器等配套硬件设备。

国家环境信息与统计能力建设项目的设计建设符合我国环保事业的总体发展需要，建设内容满足了减排工作对国家环境信息化基础能力建设的需求。项目的实施将为我国的污染防治、环境监管、生态保护、核安全与辐射及环境应急等环境保护业务提供高效可靠的信息技术支持。项目实施所产生的效益主要体现为以下几点。

通过实现环境信息与统计的信息化，提高综合决策的准确性，实现环境管理的现代化和科学化，使各项环境管理措施发挥出更大的作用，减少环境破坏带来的损失。

通过有效开发整合环境机构的信息，为减排决策提供及时可靠的信息依据，以合理调整相关政策，适时启动相应的预防保护措施，为减排工程提供强大的信息网络化支持。

通过整合污染源数据、环境质量数据、排污申报登记、建设项目环境评价与审批数据等大量环境信息，实现环境信息的共享和充分利用，大大提高各级环境保护部门的工作效率和环境管理工作的信息化水平，为环境管理与决策提供依据。

通过建设与整合环境政务应用系统和业务应用系统，加强各业务部门之间的交流，实现政务或业务信息的快速上传下达，促进协同办公，提高行政效率，为环境保护部门参与综合决策、指导区域发展、强化执法监督奠定了基础。

通过整合服务资源，实现环境信息的统一管理、统一发布，实现政令畅通，促进政务公开，树立公开、透明、高效、廉洁的政府形象，鼓励公众的监督，体现执政为民。

（3）环境保护部应急办环境应急综合管理系统

环境应急综合管理系统是环境保护部环境应急与事故调查中心已投入运行的系统，该系统由 9 个子系统组成。

基础信息管理子系统：整合各种应急信息资源、基础地理数据，利用 GIS 技术进行空间展示及分析，为其他系统提供基础数据支撑及辅助决策。

预防与预警管理子系统：整体管理风险的点源、面源、移动源，能够进行预警预测分析，并形成数据信息的关联查询。

应急响应管理子系统：记录管理突发环境事件信息报告、现场处置、事件信息，能够形成一事一档，建立事件的数字化档案。

事后应急管理子系统：对应急现场处置后的事件调查、事件跟踪、案例总结及后期评估管理。

环境应急综合管理信息上报子系统：具有百日大检查活动在线填报、信息报告管理、应急能力填报、季度信息管理等功能，部署于环保专网，地方环保部门可通过系统进行网络信息上报及审核。

尾矿库环境风险信息管理子系统：采集、查询、统计与分析全国各地区的尾矿库环境风险信息数据，并对采集上来的数据进行审批、督办，实现尾矿库环境风险的监控管理。

化工园区环境风险信息管理子系统：实现化工园区信息填报、化工园区检查、化工园区信息查询等功能。

环境风险企业信息动态管理子系统：实现对各地区环境风险企业数据的

采集、查询、汇总和对各个风险企业源的监控管理；对采集上来的数据进行审批、督办等流程管理；对各地区重大环境隐患、突发环境事件进行监督管理；管理各地上传的统计分析报告，为环境保护部门提供管理依据。

危化品车辆交通事故引发突发环境事件的防范和快速响应子系统：实时获取危化品车辆行驶数据，快速直观地反映车辆周边的环境敏感目标、救援物资等情况，实现对危化品车辆的有效控制，提高对危化品车辆交通事故引发的突发环境事件的处置效率；快速定位到环境突发事故发生地，获取周边环境敏感点及救援物资储备点，提高对危化品环境事故的响应速度，最大限度控制污染范围和破坏程度，降低事故对人及环境造成的危害。

（4）全国固体废物管理信息系统

在固体废物管理方面，我国积极推动管理信息系统建设，目前主要完成了全国固体废物管理信息系统和废弃电器电子产品处理管理信息系统的建设并于 2011 年年底投入使用，系统的建成和使用可实现获取、传输、处理和共享全国固体废物信息的功能，满足我国固体废物的信息化管理需求，提高对固体废物和电子废物的管理水平、决策能力和规范化水平，对我国经济与环境的协调发展和环境质量的提高起着巨大作用。

2008 年 9 月，国家发展和改革委批复关于国家级和省级固体废物管理中心建设项目可行性研究报告，其中全国固体废物管理信息系统建设是重点内容。全国固体废物管理信息系统设计了 6 个业务子系统来分别支持相关的管理工作：固体废物产生源管理系统、危险废物转移管理系统、危险废物经营许可管理系统、危险废物出口核准管理系统、危险废物事故应急辅助支持管理系统和废物进口许可证管理系统。

全国固体废物管理信息系统基础网络充分利用了现有的国家级、省级环保部门的网络资源，依托国家环境保护电子政务外网，实现了国家级与 31 个省级固体废物管理中心、地市级和县级固体废物管理部门的网络互通，还实现了国家级固体废物管理中心与环境保护部、海关总署等相关职能部门的互联。

2009 年国务院颁布《废弃电器电子产品回收处理管理条例》，依据该条例，环保部建设了统一的废弃电器电子产品处理管理信息系统。数据信息管理系统跟踪记录废弃电器电子产品在处理企业内部运转的整个流程，包括记录每批废弃电器电子产品接收的时间、来源、类别、重量和数量；运输者的名称和地址；贮存的时间和地点；拆解处理的时间、类别、重量和数量；拆解产物（包括最终废弃物）的类别、重量/数量、去向等。

（5）水环境管理、风险评估及预警平台

按照《国家中长期科学与技术发展规划纲要（2006—2020年）》，"水体污染控制与治理"科技重大专项实施的主要内容包括：选择不同类型的典型流域，开展流域水生态功能区划，研究流域水污染控制、湖泊富营养化防治和水环境生态修复关键技术，开展流域水污染治理技术集成示范；选择重点地区，突破饮用水源保护和饮用水深度处理及输送技术，开发安全饮用水保障集成技术；研究多尺度水质在线监测、遥感遥测和水质水量优化调配技术，开展流域水质监控、预警和综合管理示范。水专项分3个阶段实施：第1阶段着重研发控源减排技术，支撑流域技术示范区水质明显改善；第2阶段着重研发集成减负修复技术，支撑流域示范区水质改善；第3阶段集成综合调控技术，支撑典型流域水质改善。

"十一五"是水专项实施第1阶段，期间水专项围绕国家经济社会发展战略要求，针对我国水体污染控制与治理的关键科技瓶颈问题，通过理念创新、技术创新和管理创新，构建我国流域水污染治理技术体系和水环境管理技术体系，为流域整治提供经济技术可行的科技支撑。以控制污染源排放、提升监控预警能力、改善流域水环境质量、保障饮用水安全4个领域的科技创新为重点，突破关键技术，大幅度提高我国水污染控制与治理自主创新能力和科技水平。水专项技术路线是通过技术研发和集成，构建流域水污染治理和流域水环境管理两大技术体系，为流域水质改善、国家饮用水安全提供保障。

◎重庆三峡库区水环境风险评估及预警平台

基于"十一五"期间开展的"国家水体污染与控制重大专项"，重庆初步建成了三峡库区水环境风险评估及预警示范平台（见图2.1）。智能感知层面上，该平台结合三峡库区水环境风险管理的需要，按照风险识别和评估技术体系，对固定源和移动源进行分类，识别与评估重大、较大和一般风险源的风险等级，并在"数字环保"的电子地图上专题显示风险源名录，采取固定监测、移动监测、自动监测和不定期加密监测相结合的监测方式，构建对流域水环境的立体式、实时动态的监控网络。在数据的互联互通层面，在获取各方面的实时数据之后，该平台依托环保部信息化统计与能力建设、重庆市环保局现有的网络服务平台，利用 VPDN/ADSL 和 CDMA、GPRS 及 3G技术构建现场通信传输网络，利用 SDH/MSTP 技术构建库区水环境主干数据网络。优化、完善现有的广域网及局域网运行环境，选择高可靠性和高性能的网络，集成有线和无线多种传输技术，使得网络在带宽、安全性和兼容性等方面满足平台建设的要求，支撑环保部、地方数据传输共享等。基于上述技术构建集扩展性、兼容性、安全性为一体，全面支撑预测预警体系数据网络传输的示范平台。在智能决策方面，重庆地区整合现有的环境质量子系统、国控污染源在线监测（控）子系统，通过统一的数据接口调用实时监测数据，与标准值进行比较，对水质超标、排放超限和设备异常的站点在平台

图 2.1　三峡库区风险评估与预警示范平台

上闪烁报警,保障三峡库区地表水环境质量、饮用水源的水质安全,在平台上通过分析和显示连续时间段的水质自动监测数据、污染源在线监测数据,反映水环境质量分布及趋势。

一旦三峡库区发生突发性水环境污染事故,按照统一的模型接口标准,集成三峡库区水环境水质模型,在平台界面上输入事故发生地的空间位置,自动从数据库里获取该河流流速、流量等参数,快速模拟判定并在 GIS 上展现污染团到达下游最近饮用水源取水口的时间、距离,以及区间的水质监测站站点等相关信息,并整合对应急处置流程起辅助作用的典型污染物处置技术数据库查询、指挥平台和知识库等,实现在最短的时间内启动应急处理方案,实现对环境应急事件的快速响应。

◎沈阳市水环境质量风险评估与预警平台

2011 年 10 月 "沈阳市水环境质量风险评估与预警平台" 在沈阳市环境监测中心站布设成功,标志着沈阳市的水环境管理工作进入一个崭新的阶段。整个风险评估与监控预警平台的日常应用主要包括污染源管理、水环境质量管理、水环境综合调度指挥、水环境信息综合服务门户 4 个功能部分,具体如下:①水环境污染源管理系统融合了 WebGIS、Cell、Asp.Net 和 Silverlight 等技术,分为企业污染源、污水处理厂、固废处理厂、污染源普查管理、风险源识别和污染源排放预警 6 个模块,实现了对沈阳城市水环境污染源的监控预警管理;②水环境质量管理系统针对不同类别水系的特点,将水系分为干支河流、农业灌区、湖泊水库和排污河渠 4 类,通过统计分析模块收集整理各水系监测断面数据,并通过一系列的水质评价模型完成监测数据的分析(见图 2.2),最后在评价报告模块中以 Word 的模式灵活定制输出各种格式的报告;③综合调度指挥系统包括应急预案管理、应急资源管理、应急知识库、专家通信录等,为应急演练和应急调度提供支持;④水环境信息综合服务门户主要用于平台展示,包括新闻动态、通知报告、法律法规、标准规范、交流中心、水环境质量查询、污染源查询、流域数据查询、突发事故查询和数据上传下载 10 个功能。通过该平台能够及时获悉平台发布的新闻、通知,掌握水环境相关的法律法规和标准规范,查询水环境相关数

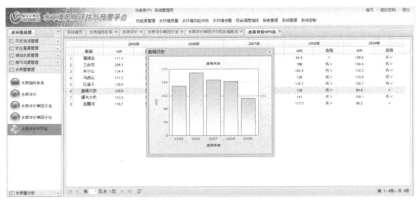

图2.2　水质评价界面

据，下载水环境相关文件。该平台的优点主要是本着"分类、分区"的原则感知风险源的各种检测信息，针对远程数据传输的特点，采用了 VPN+ADSL 及 GPRS 混合冗余传输方式，以实现数据的互联互通，并耦合各种决策系统，实现城市水环境突发性水污染事故的智能管理。

◎浙江省饮用水水源地水质自动监测系统

浙江省饮用水水源地水质自动监测系统可实现全省县级以上集中式饮用水水源地水质的实时监测，最大限度保障城乡居民饮用水安全。2012 年年底前，全省 81 个饮用水水源地的 88 个水质监测自动站正式运行，实现了 21 个市级饮用水水源和 60 个县级饮用水水源的水质监测和预警，基本实现了全省县级以上主要饮用水水源地水质监测和预警的自动化控制，能够实时反映饮用水的水环境质量和变化状况。同时根据站点条件，采取租用水库用房、铁甲站房和集装箱式监测房等多种建站方式，特别是针对以湖库富营养化及藻类监测为主要目的的站点，首次采用了浮标站建设的形式。整套系统共有藻类、生物毒性及有机物等 40 多项指标，是全国监测因子最为齐全的水质监测系统。建成的中心管理控制系统，能够实现对 81 个水源地水质自动监测数据及视频图像的采集、传输、存储功能，并具备分析、发布、应用等管理功能；实现基于主干网的省、市、县数据审核上报；实现在紧急情况下发挥预警监测能力。2014 年，该系统通过了浙江省发改委的整体验收。

3. 存在的问题

（1）环保信息化建设水平不一，发展不平衡

我国环境信息化建设投资力度不足，硬件、软件投资建设比例不合理，县级环境信息化建设基本处于空白状态，环境信息化建设极度不均衡。县级单位的环境信息工作中手工操作还占相当大的比重，数据上报、信息传递速度低，不能做到环境信息的即时统计分析及深度加工利用。

（2）缺乏统筹规划，标准体系建设滞后

我国环境信息化建设缺乏国家级整体统筹规划指导，业务部门各自为政，存在重复投资、盲目建设现象，且一些信息系统只注重前期投入、缺乏持续的运行维护，造成系统荒废。

另一方面，我国环境信息化标准体系建设滞后，环境信息化工作缺乏指导和规范，无法应对当前信息化技术飞速发展的局面。特别是在面临环保大数据挑战的局面下，缺乏环境信息安全及应用的核心技术、标准及管理机制。

（3）数据可靠性差，共享程度低

公众对准确透明、及时公开的环境信息有强烈需求，然而环境数据在监测、采集、处理过程中缺乏标准化监管流程，数据质量受到多种因素干扰，使得数据可靠性差、数据质量存在质疑。

多个部门多个出口造成"一数多源"问题，如环境统计数据、污染普查数据、污染源监测数据出自多个部门，数据间存在不一致问题，在实际应用中易造成数据混乱。

环境数据作为一种重要的战略信息资源，其内容涉及资源环境、社会、经济等各领域，涵盖环保、水利、气象、国土、林业、农业等众多部门，以信息共享技术促进部门间协同应对环境问题将是智能环保发展的重要方向之一。然而由于行业内部的多级业务体系设置以及行业部门间的信息资源垄断、封闭，形成"纵向信息烟囱、横向信息孤岛"的局面，数据共享困难，环境数据资源未被充分开发和有效利用。

（4）资源分散，信息化应用水平低

由于缺乏规划，各部门已建成的业务系统独立分散，系统间通用性差、联动能力弱。信息化未在环保监管、监理、监测等工作领域发挥重要支撑作用，且目前大部分业务系统主要实现了数据管理、查询、统计等基本功能，缺乏环保大数据模拟应用、空间可视化分析、数据挖掘以及智能决策等环境信息深度服务能力。

（5）缺乏服务意识，民众参与程度低

我国环境管理缺乏服务意识，民众参与程度低。在中共十八大倡导全民参与生态文明建设的背景下，加强环保信息服务意识，构建信息服务与百姓诉求互动的、规范引导与自觉自律结合的、全民参与互动的、人性化的社会行动体系，也将是我国智能环保发展的重要方向。

（三）我国环境信息化技术发展

1. 环保物联网技术发展

（1）环保物联网发展

物联网是继互联网之后的又一次信息技术革命，环境保护是物联网技术应用的典型领域，是物联网应用推动信息化，培育和发展战略性新型环保产业的重要手段，对促进我国环保事业的发展具有深远的意义。

1999 年，开始推广环境在线监控系统，在局域范围内实现物物互联，这是环保物联网最早的探索和实践。

2005 年，公布《污染源自动监控管理办法》，环保物联网得到越来越多的关注，产业化进程加快，相关技术在环保领域已经有了小范围的应用。

2007 年，为全面完成主要污染物减排任务，建设污染减排指标体系、监测体系和考核体系（即三大体系），在重点排污单位安装污染源监控自动设备，建设国家、省（自治区、直辖市）、地市污染源监控中心并联网。

2009 年，物联网技术成为国家重点发展的战略性新兴产业的重要组成部分，环保物联网建设热潮在全国各级环保部门不断延展，无锡、成都、山东

被确立为国家环保物联网示范城市、示范省。

2011 年，国务院发布的《关于加强环境保护重点工作的意见》指出："增强环境信息基础能力、统计能力和业务应用能力。建设环境信息资源中心，加强物联网在污染源自动监控、环境质量实时监测、危险化学品运输等领域的研发应用，推动信息资源共享。"

2012 年，国家工业和信息化部发布了《物联网"十二五"发展规划》，智能环保是"十二五"期间中国物联网重点发展的九大应用之一。构筑环保领域的物联网，提升环境监管的现代化水平，推动环境信息化建设是当前环境保护工作的重点之一。

（2）环保物联网概念

2012 年 1 月 6 日，"环保物联网的现实与未来——环保物联网专题研讨会"在西安交通大学召开，给出了物联网和环保物联网的定义。物联网是指通过各种信息传感设备与技术，如传感器、射频识别技术、全球定位系统、红外感应器、激光扫描器、气体感应器等，实时监测任何需要监控、连接、互动的物体或过程，采集其声、光、热、电、力学、化学、生物、位置等各种需要的信息，与互联网结合，形成一个巨大网络，实现对物品的智能化识别、定位、跟踪、监控和管理。环保物联网是物联网技术在环保领域的智能应用，通过综合应用传感器、全球定位系统、视频监控、卫星遥感、红外探测、射频识别等装置与技术，实时采集污染源、环境质量、生态等信息，构建全方位、多层次、全覆盖的生态环境监测网络，推动环境信息资源的高效、精准传递，通过构建海量数据资源中心和统一的服务支撑平台，支持污染源监控、环境质量监测、监督执法及管理决策等环保业务的全程智能化，从而达到促进污染减排与环境风险防范、培育环保战略性新型产业、推动生态文明建设和环保事业科学发展的目的。

（3）环保物联网技术

◎物联网感知技术

物联网"感知层"需要解决的问题是如何利用现有物品的传感设备组成的系统，以最少的资金投入将物品的感知和控制信息识别出来。感知和识别技术是环保物联网的首要环节，在环保物联网中主要利用污染源自动监测设备来感知和识别环保监控数据信息。

环保物联网感知端安装在企业现场，是污染防治设施的组成部分，用于环境或污染源排污状况的实时监测，包括 COD 自动监测仪、氨氮自动监测仪、流量计、烟气排放自动监测设备等。

污染源在线监测设备包括水质在线监测设备和烟气分析设备。水质在线监测系统一般由 6 个子系统构成：采样系统，预处理系统，监测仪器系统，PLC 控制系统，数据采集、处理与传输子系统，远程数据管理中心、监测站房或监测小屋。该系统的主要监测项目包括 COD、氨氮、流量、pH 值等。烟气分析系统由 4 部分组成，即烟气成分连续监测系统、尘埃浓度检测系统、流量检测系统、DAS（Direct-Attached Storage）系统，主要监测项目包括 SO_2、NO_x、CO 和 O_2 的含量，烟气流量及温度等。这两个系统都以在线自动分析仪器为核心，是由现代传感器技术、自动测量技术、自动控制技术、计算机应用技术以及相关的专用分析软件和通信网络组成的综合性在线自动监测体系。

数据采集设备包括数据采集终端以及其他需要辅助控制的线路和防护设备等。数据获取的步骤如下：连接数据采集终端与在线监测仪器，采集监测设备的原始数据，完成数据的本地存储，并通过传输网络与监控中心上位机进行数据通信传输，将最终数据存储在监控中心。

视频监控是指在现场部署摄像机和视频编码器，通过环保专网将现场图像信息传送至宽视界平台进行存储的监控方式，各个监控中心根据实际需求可从宽视界平台调用现场图像。视频监控系统由摄像、传输、控制、显示、记录五大部分组成。摄像机通过同轴视频电缆将视频图像传输到控制主机，通过控制主机，操作人员可对云台上、下、左、右的动作进行控制，对镜头进行调焦变倍操作，并可通过控制主机实现在多路摄像机及云台之间的切换。

布置在现场的工况监控设备的数据采集装置可采集火力发电厂的主机 DCS（Distributed Control System）数据、脱硫设施 DCS 数据、CEMS

（Continuous Emission Monitoring System）数据，并将相关数据传送至环保部门。电厂侧采集单元主要负责采集各类控制系统中的环保相关参数，并通过隔离器、采集交换机将数据传输到工况过程数据服务器中。

除了以上主要的感知设备外，还有一些辅助的感知设备，包括无线射频识别技术和生物传感器等。无线射频识别技术利用无线射频方式在阅读器和射频卡之间进行非接触双向数据传输，以达到目标识别和数据交换的目的。生物传感器把生物芯片技术和生物传感器技术有效地组合在一起，通过微加工技术和微电子技术在固体芯片表面构建微型生物化学分析系统，以实现对污染物指标的检测。

◎物联网传输技术

前端监控点源数量多、分布比较分散，因此在前端设备接入方案中，采用两种接入方式：有线网络接入和 3G 无线网络接入。对于有线网络资源可达区域的前端点位，优先采用光纤铺设到企业端或数据采集现场的方式。对于位于具备一定网络接入能力厂区的前端点位，将采用适合该厂区的有线网络接入方式。

在有线网络铺设存在难度的区域，充分利用 3G 无线网络覆盖面积广、部署成本低、带宽优势大的特点，在前端点位数据采集设备上安装无线网络模块，使前端设备采集到的数据通过无线网络发送到监控中心。

前端设备监测数据通过环保专网、城域网或宽视界视频监控传输网络和 3G 网络接入监控中心网络。

监控中心平台网络系统的研究，主要是形成环境业务专网、移动业务平台网络、内网业务平台网络。此外，通过扩容已有的核心业务平台网络交换设备来承载各项新业务应用的通信交换需求。

（4）我国环保物联网建设及应用现状

早在物联网概念推出以前，我国就开始建立污染源、水质、大气等监控系统。"十一五"期间我国已初步构建起国家、省、市、重点企业的四级监控体系，这一系统成为污染减排"三大体系"建设的重要组成。截至 2011 年上半年，全国已建成 349 个各级污染源监控中心，共对 15 559 家重点污染源实施了自动监控，实现了实时监控、数据采集、异常报警和信息传输，形成了统一的监控网络。

环保物联网技术的普及，使这些零散的监测有机地整合在一起，以实现各类污染源信息和环境信息的实时采集，建立统一的智能海量数据资源中心，进行数据挖掘、模型建立，从而为监管部门提供总量控制、生态保护、环境执法等服务的数据基础。政府环保部门可通过环保物联网对污染排放进行有效监管，企业可以通过各项数据的分析总结进行排污设施的优化调节，达到经济和环保的统一。

目前，我国最大的物联网国控重点污染源自动监控系统已基本完成建设目标，初步构建起国家、省区、市、重点企业的四级监控体系。全国各地纷纷出台关于针对污染源进行监控的政策条例。如山东省威海市大兴"环保在线自动检控项目"建设，2011 年已有 110 家市重点监管企业安装了污染源在线自动监控设备。2014 年，威海市在近岸海域布设了 415 个站位对海洋生态环境进行定期监测。2015 年年底，该市继续投资开展智慧环保建设，不断完善自动监控监测网络，以实现对水、气、噪声、固废、辐射等污染全感知。天津市也下发了《关于做好 2011 年国家重点监控企业污染源自动监控系统安装及联网工作的通知》，要求 2011 年各国控企业必须在 2011 年 10 月 31 日前完成污染源自动监控设备安装及联网工作。2014 年，天津为占全市工业燃煤量、排水量 90% 以上的 163 家企业 274 个点位安装了污染源自动监控设施。2015 年，全市实现了对火电、钢铁、水泥、平板玻璃等重点行业和 20 蒸吨以上燃煤锅炉的在线监测全覆盖，有效提升了污染物排放监管效率。

在城市水环境监控方面，1999 年国家环保总局在全国重点省市如天津、上海、北京、广东和江苏等经济比较发达的地区推广的环境在线监控系统是对物联网最早的探索和实践，为其进一步发展积累了经验。天津环保监测中心建成从瑞士 BBC 公司以及 Kent 公司引进的水质自动监测系统，用以服务引滦工程，该工程由 1 个监测中心、7 个子站及 1 个流动站组成。上海市环境监测部门在淀山湖、黄浦江等水域设置了 6 个监测站，连续对水环境相关参数进行监测。然而，已有的在线监控网络，虽然已经具备了物联网的一些基本特征，但智能化程度普遍不高，尚未实现真正意义上的智能化管理。2009 年"国家水体污染与控制重大专项"启动，我国无锡、沈阳、重庆等城市开始实施风险源识别、网络监控、突发事故模拟、预警平台建设几项内容的数字化，并通过物联网技术实现无缝对接，初步形成了水环境智能管理的技术框架。然而我国水环境管理在数据可靠性感知、智能分析、预警决策方面，距离智能环境管理尚有差距。目前我国尚未通过互联网连接并集成射频设备、红外感应器、全球定位系统等信息传感器，识别和整合各水质监测断面、重点污染源、敏感目标，形成"城市水环境物联网"。此外，由于水环境信息数据量大，而且数据表现形式各不相同，数据的标准化处理工作仍然极为欠缺，导致海量数据的存储、管理和显示较为困难，影响了水环境管理的智能化进程。

　　在空气质量监控方面，许多城市（如：北京、成都、无锡、深圳、天津）相继运用物联网技术建设智能化环境空气自动检测系统，实现了实时可靠的远程数据传输；采用宽带、移动网络、光纤、专线相结合的方式实现了监控系统的数据采集，并将环境监察数据和污染源监测数据上传至各级环保部门监控中心，实现了多级联网；通过传感器网络建设高水平、覆盖面全、系统集成统一的在线监测监控系统，并建立了智能环境监控数据中心。

　　在城市固体废物监控方面，基于物联网技术的固体废物管理理念已经逐步被接受，物联网技术被认为是提升固体废物管理水平的重要突破口。我国已开始探索 RFID（射频识别）技术在废弃物监测方面的应用，例如上海市再生资源回收公共信息服务平台利用"物联网"技术，通过"阿拉环保卡"的条形码识别系统统一处理各种信息和物流，形成一个低成本的回收电子废弃物的体系，利用环保卡积分换取消费，已吸引 2 万多名市民参与，回收电子废弃物超过 47 万件。2011 年，潍坊昌邑率先将物联网技术运用于生活垃圾清运管理，建立生活垃圾物联网管理系统，即投资 50 余万元建起了数字化管理平台，为全市 20 000 余个垃圾桶安装了电子标签识别码，为垃圾运输车装备红外感应器、GPS 卫星定位系统、激光无线扫描仪，通过信息交换，将垃圾桶清运时间、次数传输到数字化管理平台，由调度指挥中心对全市垃圾桶清运实施 24 小时智能化识别、定位、跟踪、监控、管理和调度，由动态管理转变为静态管理，形成了"一条龙"数字化管理链条。2012 年 5 月，广州市城管委发布了《加快推进生活垃圾分类处理及设施建设启示与建议》的调研报告，报告建议，应用 RFID 技术追踪垃圾分类、回收及完善垃圾收费手段。上海、重庆、苏州等城市也已提出推进物联网技术在生活垃圾管理中应用的计划。《关于进一步加强危险废物和医疗废物监管工作的意见》（环发〔2011〕19 号）明确将探索电子监管列入"创新监管手段"中，要求"充分运用现代物联网技术，探索对危险废物的产生、贮存、转移、利用、处置进行全过程电子跟踪监管，提高管理效率，防止非法倾倒"。2012 年 5 月，中国电信股份有限公司物联网应用和推广中心推出了"基于 RFID 的医疗废物管理系统"的方案；同时，无锡协讯科技有限公司设计了危险废物物联网监控系统，采用物联网技术进行危险废物转移的全程监控。危险废物监管信息系统是集 RFID、GPS、GPRS、视频监控等技术于一体的可视化危险废物管理系统，使危险废物的管理进入了信息化和量化的管理时代，做到了有效、实时、可视、量化地监控危险废物"从摇篮到坟墓"的整个生命周期。

2. 环境遥感监测技术的发展

（1）遥感监测技术的发展

我国环境监测地面站点较少，且主要集中在大城市，利用卫星遥感技术开展大范围环境空气质量及空间分布监测十分必要。遥感技术的发展和应用为提升我国环境监测水平提供了重要技术支撑。

环境遥感是指根据电磁波的理论，应用各种传感器对远距离目标辐射和发射的电磁波信息进行收集、处理，形成信号或图像的监测方式，从而实现对地球表层系统中可探测的环境要素、生态系统特征的探测和识别。它是随对地观测技术的发展而逐渐形成的一个新兴领域。

1962 年，国际科技文献首先提出"环境遥感"一词。1967 年，美国国家航空航天局制订了地球资源和环境观测计划。1972 年，美国发射了第一颗陆地资源卫星 Landsat-1，1975 年和 1978 年又相继发射了陆地资源卫星 2 号和 3 号。随着遥感技术的发展，卫星携带的遥感仪器种类越来越多，覆盖了紫外、可见光、红外、微波等波段，地貌分辨率由千米级发展到米级、厘米级，重访周期由月发展到几小时、几十分钟。

我国自 20 世纪 80 年代起，主要开展遥感影像处理及应用研究，多为土地利用遥感分类技术研究。20 世纪 80 年代初期，我国采用陆地资源卫星 MSS 数据编制了全国 818 幅 1：250 000 土地利用图。随着遥感影像分辨率的提高及更多选择，我国开始将遥感技术应用于水体及大气的污染监测。21 世纪初至今，是我国环境遥感的深层次发展阶段，先后发射了中巴资源卫星、北京一号小卫星以及环境与减灾小卫星。结合国外高分辨率遥感卫星数据的普及化，我国环境遥感应用的领域越来越宽，进入实用化阶段。21 世纪初启动的中国西部生态环境质量调查，获取了全国 3 个时相的土地利用矢量数据，为全国土地利用宏观动态研究奠定了基础；水污染遥感监测从传统的定性分析扩展到了污染物浓度定量分析；大气污染遥感监测也从宏观的气溶胶、臭氧（O_3）等扩展到了大气污染的特征污染物浓度（如 SO_2、NO_x 等），灰霾、颗粒物、秸秆焚烧等都已作为重点大气监测项目被纳入日常监测内容；针对地面垃圾堆放造成的环境污染，基于遥感监测开展了工业和生活垃圾的堆放状况、堆放点分布及垃圾处置场优化等方面的研究；针对重点工程和开发项目设立了长期的遥感动态监测机制，如三峡工程、南水北调工程、青藏铁路等。

（2）水环境遥感监测

利用遥感技术，可开展重点流域与大型湖泊水华遥感监测、内陆水体水质及富营养化遥感监测与评价、饮用水水源地水质遥感监测与评测、河口水体水质及流域水生态遥感监测与评价、近岸海域赤潮与溢油遥感监测、近岸海域水质遥感监测与评价。目前，我国针对太湖、巢湖、滇池、三峡库区等典型内陆水体，针对渤海湾、长江口、珠江口等河口海岸水体，已经开展了水华、水体富营养化、悬浮泥沙、溢油、赤潮、水体热污染等遥感监测、反演与评价研究。

水环境遥感的主要研究内容为采用遥感数据定量反演水体的物理或化学组分及其空间分布特征。利用经验、半经验模型，分析、半分析模型，分光光度法等已有算法模型，对水环境可以直接遥感监测的指标包括水面积、叶绿素 a、悬浮物（SS）、有色溶解有机物（CDOM）、水面温度（ST）与透明度（SD）等，可以间接遥感监测的指标包括营养状态指数（TSI）、化学需氧量（COD）、五日生化需氧量指标（BOD_5）、总有机碳（TOC）、总氮（TN）、总磷（TP）与溶解氧（DO）等。在定量反演水体物理和化学组分之后，可开展水体富营养化、水体污染程度遥感监测与评估。

（3）大气环境遥感监测

大气环境遥感以大气环境组分为研究对象，主要开展三个方面的研究。一是以大气微量气体为对象，利用遥感影像监测大气微量气体的变化，这些微量气体包括 O_3、SO_2、NO_2、CH_4、NO 等，遥感监测微量气体的算法比较成熟，但我国缺乏专门的遥感传感器，处于探索阶段。二是以大气中微粒为对象，开展大气气溶胶、可吸入颗粒物浓度、雾、霾及沙尘暴遥感监测研究，通过定量反演大气气溶胶光学厚度、可吸入颗粒物浓度、雾分布、霾分布以及光学厚度、沙尘分布范围及等级，间接反映大气污染程度。三是以区域环境空气质量为对象，结合天地协同监测资料，建立区域环境空气质量评价模型，评价区域环境空气质量等级、污染状况及对人体健康的影响。

在城市环境空气质量监测方面，国家要求以环保重点城市和城市群地区的大气污染综合防治为重点，努力改善城市区域的大气质量。以颗粒物，特别是可吸入颗粒物遥感监测为重点，对长三角、珠三角、京津冀等城市群及典型环境空气污染区域进行遥感监测、预警和评价。以 TM、MODIS、NOAA、FY、HJ-1 等卫星遥感数据为基础，对北京、上海、广州、呼和浩特等大中城市，京津唐地区、长江三角洲、珠江三角洲等经济发达地区，进行气溶胶、SO_2、NO_2、环境空气质量等遥感监测与评价研究。

在农业区秸秆焚烧监测方面，以全国主要农业区为遥感监测的重点，对农作物秸秆焚烧进行监测和评价。环保部卫星环境应用中心基于 MODIS 卫星开展秸秆焚烧遥感监测，并在环保部环监局网站进行每日公报（见图2.3），公布全国范围的秸秆焚烧遥感监测火点分布情况，对各省、自治区、直辖市秸秆焚烧火点情况进行统计，并给出火点分布位置。

图 2.3　全国秸秆焚烧分布遥感监测结果每日公报

在灰霾监测方面，应用 MODIS 数据开展灰霾监测，通过影像处理、灰霾识别等技术，结合基础地理数据，制作灰霾等级空间分布图。例如通过灰霾区域的空间分布监测情况得知，2013 年 1 月，灰霾范围超过 1 000 000 km² 的天数多达 16 天，受影响面积约占国土面积的 1/4，受影响人口约 6 亿人，灰霾区主要分布在河南大部、湖北中东部、安徽北部、江苏大部、河北南部、四川中东部等地，有些地区的灰霾频次达到了 15 次以上。

在颗粒物监测方面，应用环境小卫星、MODIS 等多源卫星数据，结合大气模式与遥感数据进行时空匹配，提取气溶胶垂直分布、大气边界层高度、相对湿度等数据，反演高分辨率气溶胶光学厚度（AOD），并结合近地面气溶胶消光系数，从 AOD 中估算近地面颗粒物浓度分布。基于卫星遥感技术，还可以开展污染气体监测，对 SO_2、NO_2 等进行遥感监测。

（4）区域生态遥感监测

生态环境遥感监测的应用主要以土地生态分类、生态景观、生态系统及生物多样性调查为基础，反映区域生态环境问题，并开展区域生态环境质量及生态建设成效评估。利用遥感技术可进行土地生态分类分区，我国已经建立国家、区域、局地 3 个尺度的土地生态分类分区系统，在全国范围内形成了一级分区 32 个，二级分区 89 个，三级分区主要以实际工作的需要具体展开。

利用遥感技术可以定量提取生态遥感参数，主要包括植被指数、植被覆盖度、叶面积指数、光合有效辐射比率、植物生化组分、植物生物量、植物初级生产力、地表反照率、地表温度、地表蒸散、土壤含水量、景观指数等。

在土地生态分类分区及生态遥感参数的基础上，可以开展生态环境质量遥感监测与评价、生态交错带遥感监测与评价、城市生态遥感监测与评价、环境污染的生态效应遥感监测与评价、生物多样性遥感监测与评价、自然保护区遥感监测与评价、重要生态服务功能区遥感监测与评价、区域生态环境灾害遥感监测与评价、土壤退化遥感监测与评价以及全球环境变化遥感监测与评价等研究与应用。

酸雨和 SO_2 污染监测方面，以重工业 SO_2 和 NO_x 排放遥感监测为重点，对大中城市及其近郊、酸雨污染严重和大气 SO_2 浓度不达标地区及大型燃煤电厂建设进行遥感监测、预警和评价。

温室气体监测方面，以 CO_2、CH_4、O_3 等气体遥感监测为重点，对全球变化敏感区域与敏感生态系统的环境空气质量变化进行遥感监测、预警和评价。

在实际应用方面，2000 年开始，我国环境保护部门先后利用遥感技术开展了中西部生态环境遥感调查、东部生态环境遥感调查，对长江三峡工程、青藏铁路工程、南水北调工程等国家重大工程的生态环境开展了遥感监测与评价，对国家基本农田建设区、天然林保护工程区、防护林体系建设工程区、退耕还林还草工程区、防沙治沙工程区、水土流失综合治理工程区的生态环境开展了遥感监测与评价，对河流及重要水源涵养区、洪水调蓄区、防风固沙区、水体保持重点区、生物多样性保护区的生态环境开展了遥感监测与评价，例如：对 2008 年南方雨雪冰冻灾害、2008 年四川汶川地震灾害、2009 年西南干旱灾害、2010 年青海玉树地震灾害、2010 年甘肃舟曲特大山洪泥石流灾害等重大自然灾害的生态环境影响开展了遥感监测与评价。

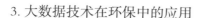

3. 大数据技术在环保中的应用

2009 年开始，"大数据"逐渐成为 IT 行业的流行词汇，最早研究大数据的全球知名咨询公司麦肯锡曾称："数据已经渗透到当今每一个行业和业务职能领域，成为重要的生产因素。人们对海量数据的挖掘和运用，预示着新一波生产率增长和消费者盈余浪潮的到来。"随着数据量的迅速膨胀，社会各行业领域对巨量、多类型数据分析的需求迅速增长，人们越来越多地意识到数据对企业的重要性和对社会未来发展方向的决定作用。

尽管"大数据"的概念仍没有统一说法，但"大数据"具有的 4V 特点正是对其定义最清晰的体现：

Volume——数据体量巨大，2010 年全球数据量正式进入了 ZB 时代，IDC 预计到 2020 年，全球数据量将达到 35 ZB；

Variety——数据类型繁多，除传统结构化数据外，网络日志、视频、图片、地理位置信息等大量新数据源的出现导致了非结构化和半结构化数据的爆发式增长；

Value——价值密度低，在巨大规模的数据中，仅有极少部分是有价值的，如何通过强大的机器算法更加准确地提取数据价值，是目前大数据背景下亟待解决的问题；

Velocity——时效性高，这是大数据区别于传统数据的最显著特征，在巨大规模的数据面前，处理效率成为体现数据价值的关键。

赛迪智库经过深入研究认为，目前所提到的"大数据"，并不仅仅是大规模数据集合本身，而应该是数据对象、技术与应用的统一。"大数据"分析处理的最终目标是从复杂的数据集合中发现新的关联规则，继而进行深度挖掘，得到有效用的新信息。"大数据"技术的战略意义并不仅仅局限于掌握庞大的数据信息，而更侧重于对这些数据进行专业化处理，通过数据加工、提取，获取有价值的信息，并应用于各行业各领域。"大数据"之所以成为热点，在于各行业领域对于"大数据"都具有巨大的现实需求和具体的应用需求，如果不与具体应用相联系，大数据的作用和价值也就无从谈起。

在环保领域，大数据将在物联网监控数据、资源共享服务、智能环境管理及决策服务等方面发挥作用。

（1）大数据在环保物联网中的应用

随着我国环境监测体系的日益完善，自动在线监控系统在污染源、水环境、大气、酸雨、沙尘暴监测等领域得到广泛应用，卫星遥感在流域水质及水生态、空气质量、秸秆焚烧及区域生态变化监测等方面得以应用，该体系每天都在产生大量的环境监测数据。随着环保物联网技术的普及，通过全球定位系统、卫星遥感、视频监控、红外探测、射频识别、无线网络等装置与技术，各种传感器嵌入了城市系统的各个方面，各种零散的监测网络有机地整合并组建成了无处不在、无时不在的全方位、全天候监控网络。因此，各种环境感知设备产生的数据也随之极速增长，传统的数据存储、分析、处理技术已经无法应对如此巨量、繁杂的数据。环境监测及管理该如何开发利用此巨量的数据资源成为亟待解决的问题。

物联网是大数据的主要来源，而大数据也将成为推动物联网应用的关键技术。大数据技术应运而生，使得整合分散的环境监测系统，集成各类污染源及环境质量监测数据成为可能。在数据规模大、数据种类多、数据处理速度要求快以及数据价值密度低等主要特征指引下，大数据将通过大型控制中心和各类移动终端等形式，基于云平台、超大规模分布式计算、数据交叉分析及挖掘等技术，实现在线访问、按需获取、实时处理和快速决策，从巨量环境监测数据中快速获取价值信息，为政府环保部门实施总量控制、污染物排放监管、环境执法等提供数据基础，为企业提供生产优化和节能减排分析，达到促进减排和环境风险防范的目的。

（2）大数据在环境数据资源整合及共享服务中的应用

由各行业部门对数据资源的封闭及垄断造成的"信息孤岛"问题，一直是制约我国环境管理信息化发展的瓶颈，各部门通过资源共享与业务协同联合应对环境问题将是我国环境管理的必然方向。2013年，习近平总书记在党的十八届三中全会上就《中共中央关于全面深化改革若干重大问题的决定》

做说明时就指出："山水林田湖是一个生命共同体，由一个部门负责领土范围内所有国土空间用途管制职责，对山水林田湖进行统一保护、统一修复是十分必要的。"环保部也表示将实行独立而统一的环境监管政策，健全"统一监管、分工负责"和"国家监察、地方监管、单位负责"的监管体系。体制改革将从制度上有力促进环境信息的共享应用，而基于大数据技术的环境信息共享与服务将是实现复杂、多样、巨量环境要素管理的前提和技术保障。环境信息共享不是简单地构建数据中心，而是通过大数据技术的应用体现环境大数据的特点，实现信息共享的价值和目标。

大数据技术结合云计算数据中心，将分散在不同监测系统、信息系统、共享平台中的各类环境数据资源集成起来，建立分布式存储、虚拟化集中管理和调度的大数据管理平台，提供统一的入口及一站式的检索界面，实现环境数据的跨区域、跨部门、跨平台管理。在此基础上，对环境信息资源进行整合，构建不同种类的环境信息集成利用模式，通过在不同数据集、不同服务器和不同数据节点中交叉、挖掘、提取信息，为不同用户提供数据，满足各种环境管理及信息共享需求。高开放性和高扩展性的大数据系统可以无边界地纳入新的数据资源和用户群，并对大量用户的并发访问进行快速反馈，这将是传统数据共享平台无法比拟的。

（3）大数据在智能环境管理与决策服务中的应用

大数据最终的使用是以应用和服务为方向的。在智能环保中构建基于大数据的智能决策与服务系统，可以为环境管理提供环境质量监测、污染源监控、环境风险评估及预警、应急调度、监督执法以及管理决策等服务，实现环保业务的全程智能化管理。大数据作为一种资源和一种工具，依托物联网、分布式存储、云计算、数据挖掘等技术，从巨量、异构、多维、分布式环境数据中挖掘出高价值、多样化的信息产品，实现环境信息的智能化和快速化获取、处理、决策及反馈，使环境管理具备更智能的决策力及洞察力，促进环境管理智能化水平的提升。

三、重要启示

从国外发展历程来看，用于环境管理的新一代信息技术将大幅提高管理水平，使环境管理更加高效、全面，为污染防治和环境质量改善做出巨大贡献。我国目前重视环境和经济的和谐发展，环境保护工作被提升到前所未有的高度。做好新时期的环保工作，必须始终坚持改革创新，不断完善管理思路，建立与经济社会和环境形势发展需求相适应的管理模式。从环境管理的目标导向来看，环境管理通常有三种模式：以环境污染控制为目标导向的环境管理；以环境质量改善为目标导向的环境管理；以环境风险防控为目标导向的环境管理。这三种模式代表环境管理的不同发展阶段，采取什么样的管理模式取决于经济发展水平、公众环境意识和监督管理能力等因素。2012年2月，环境保护部发布新修订的《环境空气质量标准》是一个标志性事件，表明我国环境管理开始从以环境污染控制为目标导向，向以环境质量改善为目标导向转变，扣响了环境管理战略转型的"发令枪"。在新的环境管理战略下，需要全面感知环境信息，并进行迅速决策、预警，保障优良的环境质量。因此，发展智能环境管理与我国环境管理战略转型十分契合，其健康快速发展也将是创新环境保护模式的重要保障。

随着环境管理战略转型，我国智能环境管理正在快速发展，与国外的差距和不同主要体现在以下四方面。

（1）与国外城市相比，我国城市环境问题涉及的介质多、污染类型多，具有复合性、压缩性特征，对环境管理决策支撑提出了更高的要求。

（2）基础设施薄弱，能力建设需进一步加强。地方环境监测站点（尤其是省级以下站点）仍偏少，且信息化水平低，难以完成复杂环境数据的采集和传输。环境数据自动感知方面缺乏技术支撑，在线设备、信息平台等发展较慢。

（3）信息处理速度慢、共享程度低、服务能力弱。我国环境信息的获取和处理耗时较长，无法为预报预警提供及时服务。环境信息的共享度及公开度较低，难以满足不同层次的服务需求。

（4）城市规模较大，环境数据具有海量、复杂等特征。相比于欧洲智能环境管理发展优先从小城市开始，我国目前具备发展基础的城市大多是经济发达的大型城市，其环境管理系统庞大，涉及多种环境问题，在系统规划、设计、建设等方面的难度和复杂度较高。

在现阶段我国高度重视环境保护的契机下，发展智能城市环境管理对国家、城市建设及人民生活等具有以下三方面意义。

（1）智能化是信息化、数字化的升级和发展，在决策、预警等方面具有更加强大的支撑功能，是提升管理水平的有效途径。

（2）智能化能为公众、环保部门、建设部门等不同对象提供信息服务，满足不同对象进行决策的信息需求。

（3）智能化能够优化组合多种社会资源，实现预定目标的成本效益的最优化。

因此，发展智能环境管理有利于我国环境管理战略的转型和升级，提高环境管理的科技水平，使其向更科学、更高效、更及时的方向发展，促进经济发展、城市发展与环境的协调可持续发展。

第3章

i City 我国智能城市环境发展的
建设需求分析与总体战略

一、我国城市环境的现状与问题

（一）总体环境形势

保护环境是我国的一项基本国策。进入 21 世纪以来，党中央、国务院高度重视环境保护工作，将其作为贯彻落实科学发展观的重要内容，作为转变经济发展方式的重要手段，作为推进生态文明建设的根本措施。"十一五"期间，国家将主要污染物排放总量显著减少作为经济社会发展的约束性指标，着力解决突出的环境问题，在认识、政策、体制和能力等方面取得了重要进展。根据《国家环境保护"十二五"规划》，江河湖泊休养生息政策全面推进，重点流域、区域污染防治不断深化，环境质量有所改善，全国地表水国控断面水质优于Ⅲ类的比重提高到 51.9%，全国城市空气 SO_2 平均浓度下降 26.3%。环境执法监管力度不断加大，农村环境综合整治成效明显，生态保护切实得以加强，核与辐射安全可控，全社会环境意识不断增强，人民群众参与程度进一步提高。

当前，我国环境状况总体恶化的趋势尚未得到根本遏制，环境形势依然严峻，老的环境问题尚未得到解决，新的环境问题又不断出现，呈现明显的结构型、压缩型、复合型特征，环境质量与人民群众的期待还有不小差距。一些重点流域、海域水污染严重，部分区域和城市大气灰霾现象突出，许多地区的主要污染物排放量超过环境容量。农村环境污染加剧，重金属、化学品、持久性有机污染物以及土壤、地下水等污染显现。部分地区生态损害严重，生态系统功能退化，生态环境比较脆弱。核与辐射安全风险增加。人民群众的环境诉求不断提高，而突发环境事件的数量居高不下，环境问题已成为威胁人体健康、公共安全和社会稳定的重要因素之一。生物多样性保护等全球性环境问题的压力不断加大。环境保护法制尚不完善，执法力量薄弱，监管能力相对滞后。同时，随着人口总量持续增长，工业化、城镇化快速推进，能源消费总量不断上升，污染物产生量将继续增加，经济增长的环境约束日趋强化。

（二）城市环境现状

1. 污染物排放总量依然较大，重点污染源监管成重点

2012 年，我国化学需氧量（Chemical Oxygen Demand，COD）、氨氮、NO_2、NO_x 排放量分别为 2 423.7 万吨、253.6 万吨、2 117.6 万吨、2 337.8 万吨，与 2011 年相比分别下降 3.05%、2.62%、4.52%、2.77%，但排放量依然很大，远远超过全国环境容量。环境形势依然严峻，环境风险不断突显，污染治理任务依然艰巨。

2012 年，在污染源自动监控方面，已实施自动监控的国家重点监控企业 9 215 个，其中水排放口 7 293 个，气排放口 6 765 个；与环保部门稳定联网的化学需氧量监控设备 4 503 个，与环保部门稳定联网的氨氮监控设备 3 194 个，与环保部门稳定联网的 SO_2 监控设备 314 个，与环保部门稳定联网的氮氧化物监控设备 4 106 个。

2. 城市环境质量成重要民生问题

2012 年，全国共有环境空气质量监测点位 3 189 个，其中国控监测点位 1 261 个；酸雨监测点位 1 226 个；沙尘天气影响环境质量监测点位 136 个；地表水水质监测断面（点位）8 173 个，其中国控断面（点位）1 042 个；饮用水水源地监测点位 2 995 个；近岸海域监测点位 645 个；开展污染源监督性监测的重点企业 57 136 个。

按照《环境空气质量标准》（GB 3095—1996），对 325 个地级及以上城市（含部分地、州、盟所在地和省辖市，以下简称"地级以上城市"）和 113 个环境保护重点城市（以下简称"环保重点城市"）的 SO_2、NO_2 和 PM10 进行评价，结果表明：2012 年，全国城市环境空气质量总体保持稳定。全国酸雨污染总体稳定，但程度依然较重。2012 年，地级以上城市中环境空气质量达标（达到或优于二级标准）城市的占比为 91.4%，与上年相比上升 2.4 个百分点。其中，海口、三亚、兴安、梅州、河源、阳江、阿坝、甘孜、普洱、大理、阿勒泰等 11 个城市的空气质量达到一级（见图 3.1）。

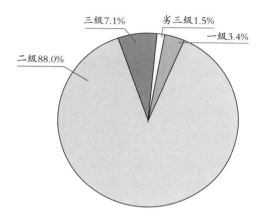

图 3.1　2012 年地级以上城市环境空气质量级别比例

2012 年 2 月，《环境空气质量标准》（GB 3095–2012）正式发布，自 2016 年 1 月 1 日起在全国实施。根据中国环境监测总站的数据，截至 2012 年年底，京津冀、长三角、珠三角等重点区域以及直辖市、省会城市和计划单列市共 74 个城市建成符合空气质量新标准的监测网并开始监测（见图 3.2）。按照新标准对 SO_2、NO_2 和 PM10 进行评价，结果表明：地级以上城市达标比例为 40.9%，同比下降 50.5 个百分点；环保重点城市达标比例为 23.9%，同比下降 64.6 个百分点。

（1）水污染严重，水资源短缺

随着城市的发展，城市水环境恶化状况也相当严重，城市水资源短缺和水污染问题已经成为我国城市在 21 世纪面临的最紧迫的环境问题。城市水污染主要是由工厂排水和城市居民生活污水造成的，近年来城市居民生活污水排放量年增长率为 7%，有 50% 的污水是由家庭排放的。由于城市增长快、经济高速发展，城市用水集中、量大、增长快，因此缺水现象首先反映在城

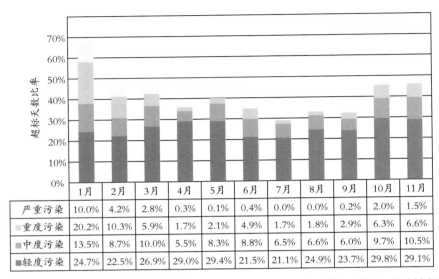

	1月	2月	3月	4月	5月	6月	7月	8月	9月	10月	11月
严重污染	10.0%	4.2%	2.8%	0.3%	0.1%	0.4%	0.0%	0.0%	0.2%	2.0%	1.5%
重度污染	20.2%	10.3%	5.9%	1.7%	2.1%	4.9%	1.7%	1.8%	2.9%	6.3%	6.6%
中度污染	13.5%	8.7%	10.0%	5.5%	8.3%	8.8%	6.5%	6.6%	6.0%	9.7%	10.5%
轻度污染	24.7%	22.5%	26.9%	29.0%	29.4%	21.5%	21.1%	24.9%	23.7%	29.8%	29.1%

图 3.2　2013 年 1—11 月我国 74 个城市（京津冀、长三角、珠三角区域及直辖市、省会城市和计划单列市）空气质量超标情况（数据来源：中国环境监测总站）

市。在我国目前 660 多个城市中，有 300 多个城市缺水，日缺水量达 1 600 万吨以上，重点缺水城市 108 个，严重缺水城市 50 多个，如辽宁省的城市每天缺水 8.5×10^5 吨，每年因缺水而影响的工业产值达 2 300 亿元。随生活污水的日益增多，各水体的污染情况也加剧，2012 年重点湖泊（水库）富营养化状况如图 3.3 所示。

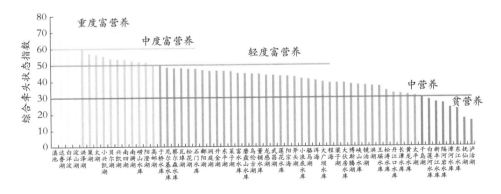

图 3.3　2012 年重点湖泊（水库）富营养化状况（数据来源：2012 年中国环境状况公报）

（2）固体废物排放量大，综合利用和处置率低

随着我国城市人口的猛增及人们生活水平的提高，城市垃圾产量大幅度上涨。据有关方面的统计，我国城市垃圾主要是生活垃圾、工业固体废物和建筑垃圾，年产量已超过 5 亿多吨，并且每年以 8%～10% 的速度增长；综合利用和处置率非常低，其中城市生活垃圾无害化处理率仅为 1.2%，大多数被直接堆放在城市郊外，累计堆存量达 65 亿吨以上，占地 500 余平方千米，形成了垃圾围城的恶劣现象，影响城市景观，污染城市的水源和空气，滋生各种传染病菌，同时又潜伏着资源危机。

（3）城市噪声污染严重

随着城市发展的加快，噪声已成为城市一大公害，严重影响人们的生活和健康。城市的噪声主要来源于机动车辆和建筑工地。我国约 70% 的城市人口遭受高噪声的影响，在 70 个有噪声监测的城市中只有 60% 的主要城市达标，而一般城市中只有 33% 达到噪声控制标准。我国城市区域环境噪声达标率不到 50%，90% 的城市道路交通噪声超过 70 分贝，社会生活噪声呈现明显上升趋势。大量的统计研究表明，长期处在高噪声环境中的人，容易有精神紧张、耳聋等疾病，即噪声有害身心健康。

（4）天然植被减少，城市绿地覆盖率低

城市绿地是城市生态系统的重要组成部分，它由城郊农田、城郊天然植被和市区园林绿地等 3 部分组成，对促进城市生产发展和保证居民正常生活有着不可替代的作用，对城市生态环境系统内的物质循环有十分重要的意义。但由于城市的发展建设，自然环境被开发用于建设工厂、住宅、道路、广场、果园、菜地等，自然环境中的植被被不断地砍伐、清除，代之以稠密的人口、建筑物，城市绿地的多种环境功能正在逐步丧失，这已经造成严重的环境问题。

（5）城市基础设施建设欠账多，排水设施落后

首先，我国有 50% 的城市没有排水管网，1/3 现有设施已经老化；城市燃气和集中供热率低；有 1/4 城市的垃圾粪便不能日产日清；城市污水处理率仅为 5% 左右。其次，由于城市污水处理设施的运行费用没有着落，虽然

有些城市已开始向单位和居民收取污水处理费，但所收费用远不能维持污水处理厂的运行。此外，垃圾无害化处理的实际情况亦很不乐观，由于技术原因，很多城市的垃圾处理设施还处于实验阶段，时断时开，运行不稳定，处理率极低。

（6）城市通风廊道，热岛效应严重

大多数城市在建设中缺少总体规划，没有从城市整体的角度充分考虑空气的流动性、散热性，缺乏城市通风廊道或建设不完善，空气流动缓慢、污染的气体不能及时排掉、热量散发缓慢，造成热岛效应。

3. 环境信息化成为破解城市环境困局的有效手段

我国环境管理信息化建设起步于20世纪80年代，起步较晚，发展较快。随着国家对环保工作的重视，特别是自"十五"确定了"以信息化带动工业化"信息化发展战略后，环保部加大了环境信息化建设的力度，努力推动环境监测、污染控制及生态保护的信息化、科学化和规范化，各部门广泛开展信息系统及基础能力建设。

（1）环境信息化能力建设快速发展

我国建成了环保部信息中心、32个省级信息中心及100多个城市环境信息中心的多级环保信息化机构，在各级业务部门广泛开展了环境信息化基础软硬件设施、环保业务数据库以及信息化系统等建设工作，建成了国家及省级两级环保专网、各级环保系统内网及互联网。

（2）环境监控感知网络初步建成

中国环境监测总站及其下属各省市站点经过逾30年的工作，已经初步建成了我国环境监控感知网络，实现了对大气、水、生态等环境要素以及重点污染源的监控；建成了356个省、市两级污染源监控中心，利用物联网对15 000多家重点污染源实施了自动在线监控；在113个城市建立了完善的城市环境空气自动监控系统；建立了国家地表水环境质量监测网、地级以上城市集中式饮用水水源地水质监测网、全国地表水环境质量自动监测网等。各城市监测中心站应用遥感技术开展了生态环境监控工作，江苏省成立了全国

第一个省级生态环境监控中心，初步建立了省、市、县联网的生态环境监控系统。这些环境监控系统为及时获取环境质量信息及环境风险预警防控提供了数据基础。

（3）业务系统建设初具规模

各级环保业务部门广泛开展了环保业务数据库以及信息系统建设，环境质量监测、污染源监控、环境应急管理、排污收费、污染投诉、建设项目审批、核与辐射管理等一批业务系统建设形成规模，为实现我国环境信息化、科学化管理提供了有力的支撑与服务。

（4）科研成果应用初显成效

注重科研与管理结合，加强环境信息技术先进科研成果的转化应用，在全国重点流域及湖库建立了一批业务示范系统，如在"十一五"国家水体污染与控制重大专项的支持下，无锡、重庆、沈阳等城市建立了流域水环境风险监控及预警业务示范系统，为流域水环境管理工作提供了先进的技术支持及管理方式。

（5）存在的问题

因缺乏统筹规划和顶层设计，环境信息化发展过程中也遇到了不少问题，主要体现在如下四方面。

◎缺乏统筹规划，标准体系建设滞后

我国环境信息化建设缺乏国家级整体统筹规划指导，业务部门各自为政，存在重复投资、盲目建设现象，且一些信息系统只注重前期投入，缺乏持续运行维护，造成系统荒废。另一方面，我国环境信息化标准体系建设滞后，环境信息化工作缺乏指导和规范，无法应对当前信息化技术飞速发展的局面，特别是在面临环保大数据挑战的局面下，缺乏环境信息安全及应用的核心技术、标准及管理机制。

◎数据可靠性差，共享程度低

公众对准确透明、及时公开的环境信息有强烈需求，然而环境数据在监测、采集、处理过程中缺乏标准化监管流程，数据质量受到多种因素干扰，使得数据可靠性差、数据质量存疑。多个部门多个出口造成"一数多源"问题，如环境统计数据、污染普查数据、污染源监测数据出自多个部门，数据间存在不一致问题，在实际应用中易造成数据混乱。环境数据作为一种重要的战略信息资源，其内容涉及资源环境、社会、经济等各领域，涵盖环保、水利、气象、国土、林业、农业等众多部门，以信息共享技术促进部门间协同应对环境问题，将是智能环保发展的重要方向之一。然而由于行业内部的多级业务体系设置以及行业部门间的信息资源垄断、封闭，造成"纵向信息烟囱、横向信息孤岛"的局面，数据共享困难，环境数据资源未被充分开发和有效利用。

◎资源分散，信息化应用水平低

由于缺乏规划，各部门已建成的业务系统独立分散，系统间通用性差、联动能力弱。目前，大部分业务系统主要实现数据管理、查询、统计等基本功能，缺乏环保大数据模拟应用、空间可视化分析、数据挖掘以及智能决策等环境信息深度服务能力。

◎缺乏服务意识，民众参与程度低

我国环境管理缺乏服务意识，民众参与程度低。在十八大倡导全民参与生态文明建设的背景下，加强环保信息服务意识，构建全民参与、信息服务与百姓诉求互动、规范引导与自觉自律结合、环保的、互动的、人性化的社会行动体系，将是我国智能环保发展的重要方向。

二、我国智能城市环境发展的需求分析

（一）环境管理水平提升的需求

我国的环境管理依然存在信息不完善、不通畅、不及时等问题，造成环境管理的反馈慢、决策难，整体水平较低。先进的信息化技术在环境管理领域的应用，将使环境管理水平得到大幅提升。从国外环境管理的发展历程和我国目前具备的发展基础来看，智能化将是环境管理发展的必经之路。

1. 城市水环境管理

在城市水环境管理方面，我国水环境管理技术存在以下不足。

（1）长期以来，我国水环境管理是以浓度控制和目标总量控制为主要手段，尚未将标准、监控技术、削减技术评估以及经济政策等与水质目标进行关联，水环境管理缺乏系统性和整体性。

（2）水环境管理技术未能体现流域整体思想，没有强调流域水生态完整性的保护目标，尚未实现对流域内所有水质相关问题的统筹考虑，对流域上下游的管理缺乏协同机制。

（3）基于水质目标管理的技术研究比较薄弱。

（4）水环境管理中缺乏对有毒有害物质的风险管理。我国对突发性水污染事故高度重视，《国家环境保护"十二五"科技发展规划》中明确指出，"十二五"期间，我国将加强重点领域的环境风险防控，维护环境安全。针对我国环境与健康方面研究分散、基础数据缺乏、风险性大、事故频发等问题，建议重点开展突发性环境健康事件的应急处理和预警技术的相关研究。

我国现有的水环境领域的基础研究与应用基础研究尚不足以完全解决复杂的新型水环境问题，部分水环境问题的成因、机理和机制研究不足。为深入了解水环境污染过程、演变规律、污染物传输和控制途径，有必要采用物联网技术，通过二维码标签识读器、RFID 标签和读写器、摄像头、GPS、传感器网络等先进技术手段，对水环境信息进行实时、动态、全面的感知；通过云计算等模式，有效整合水环境智能感知获取的大量复杂多样的数据，辨析水环境污染演变和水生态退化问题，并提出有效的解决措施。通过先进的物联网以及云计算等先进技术对城市水环境管理的各个环节的信息进行实时采集和全程智能监控，构建城市水环境风险评估与预警平台，将采集的信息以及分析的结果共享给政府、企事业机构和公众。同时，建立水与水、人与水、人与人之间的联系，达到整个物理水环境中感知无所不在、互联互通、高度数字化、高度信息化、高度智能化的愿景，从而为真正实现流域与区域、城市和农村、城市水源地和污染源全面耦合的综合管理机制提供支撑，改善城市水环境质量，为公众提供更好的水环境质量。

2. 城市大气环境管理

在城市大气环境管理方面，我国现有的大气环境领域的基础研究与应用基础研究在信息化方面还处于起步阶段，尚不足以完全解决目前复杂的大气环境污染问题。为深入了解大气环境污染过程、演变规律、污染物传输和控制途径，有必要采用物联网技术，通过二维码标签识读器、RFID 标签和读写器、摄像头、GPS、各种环境传感器、传感器网络、卫星遥感等先进技术手段，通过开发强大高效的信息综合管理平台，整合现有各种资源，对大气环境信息进行实时、动态、全面的感知；通过云计算技术，有效整合各种环境传感器智能感知获取的大量环境数据，探索大气环境演变规律，加强对环境污染情况的掌握，从而提出更加科学的环境污染防治方法，满足环境管理部门的各种需要，达到保证环境安全的需要。

通过物联网及云计算等先进技术，可以对城市大气环境的污染排放点进行实时动态监测和全程智能监控，建立污染源排放清单，建设恶臭自动监测监控系统。并且，可以结合应急响应相关机构，构建城市大气环境风险评估与预报预警平台，将数据采集信息以及分析结果通过有线、无线通信网络等传输给大气环境信息综合管理平台，实现在线实时通信，实现数据的资源共享。应用遥感、航天、航空、地基遥感、空基遥感等技术，综合气象和地域特征，采用空气质量模型，可对获得的大气环境演化过程的第一手数据进行有机整合处理，这对区域联防联控、跨境的污染传输分析，乃至环境外交都将起到革命性的作用。

从宏观到微观，从小区域到大尺度，从点点成线到面面俱到，从地面移动到航测遥感，智能化的大气环境观测将触及所有你能想到甚至想不到的地方，实现难以想象的精准，达到无法企及的高度。环境在线监控等技术手段的应用，对环境管理理念、方法、体制、机制的变革形成推动力量，从而借助技术手段实现对污染的有效控制和对环境的有效保护。

3. 城市固体废物管理

在城市固体废物管理方面，固体废物监管难度很大，固体废物引发的重大环境事故频发。

目前，生活垃圾收费仍采用按户收费模式，造成源头减量和分类的举步维艰，因此迫切需要转变垃圾收费模式，提高推进按量收费模式的应用，促进生活垃圾的资源回收率。在生活垃圾源头减量和分类方面，需要引入RFID系统，对垃圾量、性质进行自动识别及实时监控。同时，应用信息化技术，对垃圾收运系统、处理处置设施的配置等进行优化，也将大大提高垃圾无害化水平。

我国工业固体废物产量巨大，主要来自冶金、能源、化工和矿山采掘等行业。废物的主要利用方式是生产建筑材料（包括筑路材料），资源化方式单一，消纳能力有限，造成废物堆存量巨大且逐年增加。针对工业固体废物的利用现状，构建工业固体废物资源化产业链，寻求多渠道综合利用将对提高其利用率、减少堆存量有重要意义。为了解决工业固体废物资源化产业链上下游企业的信息不对称、不透明问题，需要建立工业固体废物信息公开和交易平台，提高废物利用的时效性、针对性。

我国危险废物申报登记制度不完善，存在严重的误报、瞒报现象。危险废物管理水平参差不齐，仍存在向环境偷排现象，已造成多起严重的环境污染事故。针对危险废物监管不力、无害化处理率低等问题，采用RFID、GPS、GMS等技术，实现危险废物的信息化标签管理和全过程的实时监控，可避免对危险废物的不当处置造成的环境隐患。

我国电子废物和报废汽车已进入产生高峰期。虽然已经在全国范围内建设了电子废物拆解、再生的大型工厂，但是由于没有建立有效、可靠的回收渠道，这些设施都处于严重的饥饿状态，无法发挥应有的作用。目前绝大多数废弃的家用电器通过家电零售商和废品回收商贩的回收进入自发形成的废家电集散、拆解、再生市场。这些市场一般处在大城市周边，形成了许多以家庭为主要单位的拆解单元，它们利用较落后的技术设备拆解、回收废家电，产生了较严重的环境污染。废汽车拆解企业由省级经济贸易管理部门进行审批颁发许可证，但是无资质企业对废汽车私自进行拆解和违法拼装的现象仍然存在。在此背景下，强化电子废物和报废汽车的回收成为解决其无序、无控状态的关键。结合已经推广应用的电子废物生产者责任制，采用产品出厂信息标签、废弃后跟踪监控等措施，实现电子废物和报废汽车向正规特许经营企业的流动，实现其资源回收和污染控制。

4. 城市污染场地 / 土壤管理

在城市污染场地 / 土壤管理方面，存在以下几方面的问题。

（1）缺少污染场地 / 土壤中污染物的在线与快速监测技术。相对水和大气，土壤污染物在线和快速监测技术要求的水平和技术含量均较高，目前针对土壤中挥发性有机污染物，已开发出了一些在线监测技术，但对于半挥发性和重金属类污染物，我国尚缺少相应的在线和快速监测技术。

（2）缺少污染场地分类管理和信息管理系统。国外在这方面的技术已经非常成熟，而我国还不具备这样的系统，这为环境管理部门有效实施污染场地的管理带来障碍。

（3）缺少污染场地修复决策运行系统。污染场地管理涉及的信息与数据量庞大，从污染场地调查、人体健康风险评价、生态风险评价到修复技术可行性分析以及对场地再利用方案的社会经济效益评估等，面临的问题多为半结构化或非结构化问题，其决策则属于半结构化或非结构化决策。依托决策支持系统可以克服人为因素的影响，使结论更科学合理。

（二）环境质量持续改善的需求

环境质量改善是我国下一阶段环境管理的主要目标，而以往以环境污染控制为目标的环境管理体系已不能适应新的要求。以环境质量改善为目标的环境管理需要及时准确地掌握环境质量数据，并根据其变化实时预警和采取措施，从而保证良好的环境质量。因此，环境管理需要创新模式，尤其需要在环境信息的快速获取、快速处理、快速决策、快速反馈等方面加强能力建设。以物联网、云计算等为典型代表的新一代信息技术为环境信息的全过程处理提供了完整的解决方案，其迅疾、高效、全面、准确等特点完全符合环境管理对环境信息的要求。环境信息中心（模型和数据库）具有强大的趋势

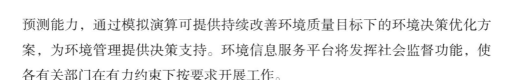

预测能力，通过模拟演算可提供持续改善环境质量目标下的环境决策优化方案，为环境管理提供决策支持。环境信息服务平台将发挥社会监督功能，使各有关部门在有力约束下按要求开展工作。

（三）新兴环保产业发展的需求

环保产业作为新兴产业，近年来发展迅速。环保产业在发展过程中也需要新一代信息技术的支持。对城市大气环境、水环境、生态环境等的监测，将对烟气脱硫脱硝、污水深度处理、固体废物处理处置等提出进一步要求，从而带动相应行业的发展。固体废物分类分质处理作为创新性固体废物处理处置理念，其发展必须依靠信息化技术的有力保障，如源头分类、运输监管等需要应用识别技术、3S 技术等。物联网技术已经带动了生活垃圾处理、危险废物监管等行业的变革。在污染事故的快速响应、处理方面，智能环境管理能够灵活调配资源，迅速控制污染扩散，为污染事故应急产业的发展提供新思路。

三、我国智能城市环境发展的建设能力分析

（一）全国环境监测网的信息采集能力

中国环境监测总站经过逾 30 年的工作，已经初步建成了我国环境监测网络，已形成大气、水、生态三方面的监测网络。

大气：国家空气质量监测网、酸沉降监测网、温室气体监测网、空气背景值监测网和沙尘暴监测网等。

水：国家地表水环境质量监测网、地级以上城市集中式饮用水水源地水质监测网、全国地表水环境质量自动监测网等。

生态：生态环境监测网络、国家临时土壤样品库。

其中，国家地表水水质自动监测系统已在我国重要河流的干支流、重要支流汇入口及河流入海口、重要湖库湖体及环湖河流、国界河流及出入境河流、重大水利工程项目等断面上建设了 100 个水质自动监测站，监控包括 7

大水系在内的 63 条河流、13 座湖库的水质状况。重点城市空气质量监测系统自动监测空气中 SO_2、NO_2 和 PM10 的浓度水平，包括点位小时均值和城市小时均值，共监测 120 个重点城市。

智能环境管理的最大挑战在于基层神经元系统的建立和复杂环境数据的获取。环境监测站点可以成为环境信息采集、传输的基础单元，其快速发展和遍布全国的特点，为实施智能环境管理提供了条件。

（二）泛在物联网的信息互联互通能力

物联网是新一代信息技术的重要组成部分，它通过射频识别（RFID）、红外感应器、全球定位系统、激光扫描器等信息传感设备，按约定的协议，把任何物体与互联网相连接，进行信息交换和通信，以实现对物体的智能化识别、定位、跟踪、监控和管理。

1. 城市环境问题的感知与诊断

我国城市化发展已经进入关键的战略机遇期，必将掀起新一轮的城市化浪潮。而城市环境保护基础设施建设的滞后，使得城市环境污染和生态破坏问题成为危害人居环境、制约城市经济社会发展和影响社会稳定的重要因素。"气荒"、"电荒"、"煤荒"、"水荒"频繁发生，空气污染、光污染、热污染、噪声污染不断加剧，景观破碎度增加，河网自净能力下降，生物多样性降低，生物对各种环境风险的抵抗力和恢复力极弱，因此加强应用各类传感器感知"城市病"、分析污染问题发展态势和治理良策的研究，显得尤为迫切。

我国 655 个城市中，仅有 113 个建立了完善的城市环境空气自动监控系统，对专项环境问题的监测也仅限于沙尘暴监测网和酸雨监测网。随着我国城市化步伐的不断加快，城市环境问题也加速突显。在城市化的快速发展中，城市尤其是中小城市的环境基础设施建设问题极为突出。以城市生活污水集中处理为例，我国城市的污水集中处理率平均为 42.55%，200 个城市生活污水集中处理率为零。其他，如城市生活垃圾无害化处理率平均为

59.48%，187 个城市的生活垃圾无害化处理率为 0，155 个城市的医疗废物集中处置率为 0。

2. 城市环境管理网络化

城市化发展正走向集群化，城市之间出现了协调发展的趋势。尤其在我国长江三角洲、珠江三角洲和京津冀等都市密集区，许多城市已经认识到"地区经济是一体的，相互间是依赖着的，城市之间需要协作"。而这种城市化的高级形式，必然带来新的环境问题，如区域性大气污染、流域性水污染、固体废弃物转移等，需要对多个城市的环境问题进行联网研究，将城市环境问题的研究提高到区域层面，有效应对城市群环境问题变化的新态势。由于地区之间的差异性大，我国发达地区与落后地区的城市化水平处于不同的阶段。一些发达地区，如北京、上海、广州已出现生活富裕起来的阶层从城里向郊区迁移的趋势，也就是说，进入了城市化发展的第二阶段——市郊化阶段。

然而，绝大多数地区仍处在城市化第一阶段，即人口由农村向城市集中的阶段。不同发展阶段处于同一个历史时期，这使得不同城市在分析和比较过程中，可以有效借鉴其他城市好的环境管理方法，避免同类型环境问题的出现。城市环境网络的建设，将充分利用信息共享的优势，为城市之间环境质量、生态文明的比较与环境问题的分析解决提供平台。同时，基于网络研究城市环境问题，在一定程度上可以减少环境部门间的"信息孤岛"，使各地市、单位、企业的自有环境信息数据库互联互通，可以快速高效地建立全局环境信息共享系统，同时避免基础数据库重复建设，节省经费。

采用城市环境网络化研究方法有利于城市环境微观与宏观研究相结合、单个城市环境与区域地理环境相结合、时间与空间尺度相结合，也有利于理论与应用相结合。另外，该方法的应用能加强我国城市与区域环境保护，促进城乡一体化建设，对不同类型城市规模的确定、卫星城市的有序扩展、城市群的综合布局、区域生态环境的建设与比较研究等都具有重要意义。

（三）高科技信息技术的信息处理能力

2010 年上海世界博览会的主题是"城市，让生活更美好"，城市环境管理成为世界博览会上决策者、科学家与社会公众关注的焦点。

1. 先进的传感器与环境信息获取技术

传感器的水平是衡量一个国家综合经济实力和技术水平的标志之一，它的发展水平、生产能力和应用领域已成为一个国家科学技术进步的重要标志，可以说谁支配了传感器，谁就支配了这个时代。现代环境传感器技术能构建环境传感器阵列和网络，而匹配移动环境传感器等研究可为城市环境保护与管理提供技术支撑。无线传感器网络则进一步将网络技术引入无线智能传感器中，使得传感器不再是单个的感知单元，而是能够交换信息、协调控制的有机结合体，从而实现物与物的互联，把感知触角深入世界各个角落，因此必将成为下一代互联网的重要组成部分。

环境管理者都希望研究者能开发出一种高效、低费用的环境监测技术，从而实现单源全时监测，降低环境管理费用。在传统城市环境监测领域，往往需要长时间、大范围、多通道的数据采集系统。但由于环境条件的特殊情况，电源、长距离布线等因素经常使监测系统难以有效部署。现代科技，如无线通信、物联网、网络地理信息系统（WebGIS）、环境分析与环境模拟等技术为及时、高效、低成本地开展城市环境监测与分析奠定了良好的技术基础。例如，基于 GPRS 网络和 Zigbee 无线传感器网络的远程环境监控系统由于其低功耗、无须布线等特性，特别适合于复杂条件下的城市环境信息采集，可以实现对环境的远程在线自动监测，具有经济、高效、实时、便捷、节能等特点，对促进环境保护事业的发展具有重要意义。

城市环境系统是一个巨大的复杂系统，影响因子很多且随着不同时空条件的变化而变化。目前，环境规划、监测和治理技术仍依靠传统的方法和技术手段，开展的环境信息技术研究多是单点、单因素、单层次、单向的研究，获得的环境信息往往是孤立、片断、迟滞的信息。因此，目前的环境监

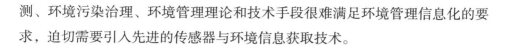

测、环境污染治理、环境管理理论和技术手段很难满足环境管理信息化的要求，迫切需要引入先进的传感器与环境信息获取技术。

2. 海量数据存储与云计算技术

近年来，在信息技术领域，云计算作为一种新兴的计算模式被提出，并迅速从概念走向应用。云计算的成功应用之一是 Google 搜索引擎，它的数据分布式存储在各地的数据中心，当用户发出搜索请求时，可以并行地从数千台计算机上发起搜索并进行排名，将结果反馈给用户。云计算的超大规模、虚拟化、多用户、高可靠性、高可扩展性等特点正是物联网规模化、智能化发展所需的技术。云计算技术对全球眼业务平台研究具有重要意义。全球眼业务是中国电信提供的基于 IP 技术和宽带网络的网络视频监控业务。将分散、独立的图像采集点进行联网，实现跨区域的、全国范围内的统一监控、统一存储、统一管理、资源共享，为各行业的管理决策者提供一种全新、直观、扩大视觉和听觉范围的管理工具，成为在线环境监测的主流技术。

3. 基于 WebGIS 的环境信息管理技术

分布式数据库技术为城市环境海量数据的处理提供了极为重要的技术手段，其在物理上分散，逻辑上统一，并实行站点自治，能够有效实现分布式查询与数据更新。本研究中的城市环境空间数据管理、传感器采集数据入库、环境分析与模拟过程将基于 WebGIS 和分布式数据库技术实现。

四、我国智能城市环境发展的总体战略

（一）指导思想

以邓小平理论、"三个代表"重要思想、科学发展观为指导，努力提高城市环境管理水平，切实推进以环境质量改善和环境风险防控为目标的环境管理战略。全面建设以高科技信息技术为基石的智能环境管理体系，努力提高环境信息的综合服务功能，积极探索信息通畅、决策准确、服务到位的城市环境管理新道路，为推进生态文明、建设美丽中国提供可行的环境管理策略。

（二）战略定位

我国智能城市环境发展的总体战略的定位是在中长期（至 2030 年）时间内发挥其对城市智能环境发展的引领、支撑和保障作用。

1. 引领智能城市环境发展方向

本战略是根据我国国情形成的智能城市环境发展的总体路线图，是后续智能城市环境发展规划、建设的指导性文件。本战略将确立智能城市环境发展的总体框架和技术体系，提出中长期智能城市环境发展的重点建设内容，为其提供引领作用。

2. 带动智能城市环保高新技术发展

智能城市对环境保护的要求要远远高于污染防治，高科技信息技术与环境保护技术的有机结合和创新将成为环保产业技术发展的新方向。智能环境发展将谋求城市环境质量的持续改善，且需要突破一系列环保技术瓶颈，如城市群大气复合污染综合防治集成技术、复合型土壤污染防治与修复关键技术、水污染控制与水体功能恢复技术、生态修复与重建技术、危险废物与污染事故应急处理技术等。

3. 培育智能城市环保新兴产业

智能城市环境发展模式将成为我国在新阶段以环境质量改善为目标的环境管理的主流模式，智能城市环保新兴产业的发展前景较好。本战略明确提出智能城市环境发展的主体任务，从而为相关企业提供目标市场，促使企业不断创新和发展，最终实现培育智能城市环保新兴产业的目的。

（三）战略目标

本战略以解决我国城市化进程中突出的环境问题为出发点，依托城市的高度信息化，建立城市环境信息的感知、融合、处理、决策与服务的泛在实时环境服务体系。以环境信息的智能感知、智能处理、智能应用为建设重点，构建城市环境的智能管理体系，促进城市环境保护由污染源控制向环境质量控制、由目标总量控制向容量总量控制、由被动应急管理向主动风险管理的转变，达到城市环境与经济、社会和谐发展的目标。

根据现有智能城市的发展情况及国民经济社会发展规划，智能城市环境发展的战略目标分为两阶段。

1. 2020 年目标

全部地级以上城市建成重点污染源监控系统，80% 地级以上城市和 50% 县级城市建成环境质量在线监控系统，建成 3~5 个重点城市群的生态、大气、水体等污染物的遥感监测系统，形成环境监测要素齐全、集天地空全方位监测手段的环境监测网络；环境信息化高度融入城市环境管理，基本建成集环境风险预警预报、应急反馈、优化调控、辅助决策等于一体的智能的环境信息化系统。

2. 2030 年目标

全部地级以上城市和 80% 县级城市建成重点污染源和环境质量在线监控系统，建成 10~15 个重点城市群的生态、大气、水体等的遥感监测系统；加强城市级数据共享平台建设，构建 100 个涵盖环保、水利、国土、气象、农业等部门的大数据集成处理中心，形成国际领先的智能环境应用系统。

（四）战略任务

推进智能城市环境发展，以"污染源智能管理、环境质量智能管理、生态环境智能管理"三方面为重点，抓住"智能感知、智能处理、智能应用"三个重点内容，实现"由污染源控制向环境质量控制、由目标总量控制向容量总量控制、由被动应急管理向风险管理"三大转变；通过"自主发展、典型示范、全面推广建设"三阶段推进，实现我国城市环境智能化发展。

推进智能城市环境发展，涉及的主要任务包括如下三个方面。

（1）信息共享。建设环境信息的共享和服务平台，提高环境信息的公开性、客观性、全面性，加强环境信息的服务功能。

（2）技术创新。针对智能城市环境发展的技术难点，集中力量进行技术创新，提高环境信息的感知、传输、存储、处理、服务等方面的技术水平，支持智能环境的发展。

（3）产业化发展。针对智能环境发展必须推进的信息感知工程、信息传输工程、信息分析处理工程、信息服务工程，开展技术集成，形成智能城市环境发展的典型模式，并大力推进。

五、我国智能城市环境发展的标准化战略

（一）建立智能城市环境发展的评价指标体系

该指标体系包括相关基层机构、设备、基础设施指标，如监测站覆盖面积、环境质量监测点位密度、传感器密度、基站密度、数据传输网络数量及带宽、信息中心的运算速度等；实时监测和信息传输指标，如监测频率、自动／人工监测比率、数据上报滞后时间、决策反馈时效等；决策服务的针对性、时效性、有效性指标，如民众对信息服务的满意度、环境保护部门的决策采纳率和满意度、社会发展领域的满意度等。

基本条件指标：构建生态环境保护信息化平台、环境质量监测网络、污染源在线监控系统、环保物联网、信息中心等。

环境质量指标：城区空气主要污染物年平均浓度值达到国家二级标准，且主要污染物日平均浓度达到二级标准的天数占全年总天数的85%以上；集中式饮用水水源地水质达标；市辖区内水质达到相应水体环境功能要求，全市域跨界断面出境水质达到要求；区域环境噪声平均值≤ 60 dB（A），交通干线噪声平均值≤ 70 dB（A）。

环境建设指标：建成区绿化覆盖率≥ 35%（西部城市可选择人均公共绿地面积≥全国平均水平）；城市生活污水集中处理率≥ 80%，缺水城市污水再生利用率≥ 20%；重点工业企业污染物排放稳定达标；城市清洁能源使用率≥ 50%；机动车环保定期检验率≥ 80%；生活垃圾无害化处理率≥ 85%；工

业固体废物处置利用率 ≥ 90% ; 危险废物依法安全处置。

　　环境管理指标 : 民众对信息服务的满意度 ≥ 80% ; 环保政务系统的业务覆盖率 ≥ 80% ; 近 3 年内未发生重大、特大环境事件 ; 重大污染事件的预报准确率 ≥ 90% ; 污染源在线监控覆盖率 100%。

（二）建立智能城市环境发展的标准和指南

　　针对以环境质量改善为目标的环境信息需求，设定智能城市环境发展阶段的分级分类方法，如最低发展水平、中等发展水平、最高发展水平。最低发展水平需满足主要环境介质（大气、水、生态等）和污染源的信息化管理需求，以城市层面为主 ; 中等发展水平需满足全部环境介质和污染源的信息化管理需求，以城市层面为主 ; 最高发展水平是在区域或流域层面的环境智能管理。根据不同的发展水平，研究制定相对应的指标标准，并给出环境智能管理各环节的发展指南。

（三）建立智能城市环境发展的产业技术规范

　　从环境信息的感知与监测、处理与应用、决策与服务等三个环节，制定产业化发展所需的技术规范，如环境发展的 RFID 技术规范、3S 技术规范、数据传输和获取技术规范等，从而规范智能城市环境相关产业的发展，便于今后更大范围的系统对接和集成。

第4章

iCity　我国智能城市环境发展的
重点建设内容

智能城市环境管理系统包括环境信息的感知监测、处理应用、决策服务等部分，其网络层次如图 4.1 所示。

城市环境发展的重点建设内容：建设重点污染源监控信息系统、信息化环境质量监测站网络、高分辨率高光谱环境遥感监测网络等城市环境信息感知网络基础设施，打造全天候、全方位立体的城市环境信息感知传输系统。建设城市级环境信息共享平台和大数据处理中心，并引导自下而上的逐级组网形成国家级环境信息中心。充分发挥城市环境信息的服务功能，建设城市环境用于预警预报、应急反馈、优化调控、辅助决策的信息化系统。加强环境信息的共享公开，提高环境信息的公开性、客观性、全面性，构建全社会参与机制。提升环境信息对城市环境管理的支撑能力，优化环境管理模式和目标，实现环境管理由污染源控制向环境质量控制、由目标总量控制向容量总量控制、由被动应急管理向风险管理的三大转变，构建符合城市环境资源适宜性和承载力的良性循环的城市生态环境系统。

一、环境信息的实时感知与监测系统

城市环境的智能化管理需要海量环境信息数据的支撑，环境信息的感知监测是实现智能管理的基础。

在环境信息的获取方面，需要建立完善的监测指标体系，构建覆盖广泛的监测网络，开发环境信息的监测技术方法。基于物联网、地面监测网络以及遥感等多种环境信息监测网络，充分发挥各种监测手段的优势，协同各种应用，构建天地空一体化的环境信息实时感知与监测系统。

（一）基于物联网的污染源监控网络

污染源的在线监控是控制重点企业污染排放、降低环境影响的有效手段。污染源在线监测包括二维码、RFID、传感器、视频摄像头等技术措施。截至 2013 年 7 月，全国已建成 356 个省、市两级污染源监控中心，利用物联网对 15 000 多家重点污染源企业实施了自动在线监控，已联网企业超过 13 000 多家。

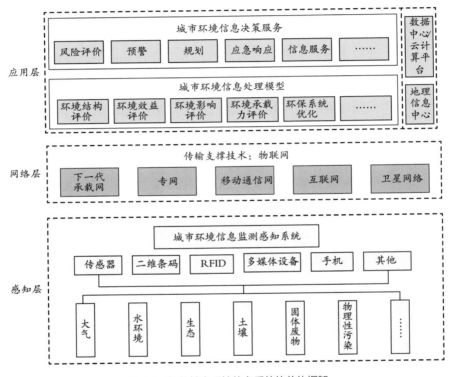

图 4.1　智能城市环境信息系统的总体框架

（二）基于环境监测站点的环境质量信息感知网络

城市环境质量的实时监测和调控是城市环境管理的基础，要实现对城市环境质量信息的感知，需要利用 RFID、传感器、二维码、GPS、终端、传感器网络等技术随时随地感知、测量和传递环境信息，实现快速、实时的环境信息的获取，以便于及时应对突发状况和进行长期规划。

建设基于无线传感器网络（WSN）的环境远程实时感知监测系统，包括数据监测节点、数据视频基站、远程监测中心等三部分。环境质量及污染源在线监控系统对环境质量和污染源的自动监测和视频监控，包括环境质量及污染源监测指标采集、企业信息管理、环境质量及污染源监测数据处理、智能报警管理、统计分析、环境质量及污染源数据视频融合、基于 GIS 的统一展现、模型模拟计算、决策支持、方案储备等功能。智能环境监控通过传感器网络与移动通信、互联网技术融合，形成环境监控物联网感知层、网络层的协同感知和全面互联，将监测到的数据和视频无障碍、高可靠性、高安全性地进行传送，实现全国环境质量及污染源自动监测监控点的联网，以及部—省—市—县四级监控系统的联网。通过物联网和云计算技术将现有的各种自动监测系统和资源整合在信息综合管理平台上，实现数据整合、模型模拟、反应迅速、决策科学、支持到位的为环境管理服务的高度智能化综合管理。

（三）基于遥感的环境信息感知网络

遥感监测具有覆盖范围广、全天候动态监测等特点。应用卫星等遥感技术远程监测地表环境，是一种新型的、高技术的环境监测手段，是地面环境监测的有效补充。通过综合应用遥感系统、地理信息系统及全球定位系统等空间技术，构建基于遥感的环境信息感知网络，开展环境质量监测、生态监测与评估、大气环境监测、水环境监测、自然灾害评估等应用。综合应用环境一号小卫星、TM、MODIS、SPOT 及 Worldview 等多分辨率、多光谱、多模式遥感数据产品，建立面向生态、水、大气等环境要素的业务化运行的遥感环境监测及应用平台，实现遥感监测数据的获取、智能处理，实现环境信息的深度分析与应用，实现环境的空间立体监测。

二、环境信息共享与服务平台

环境信息作为一种重要的战略信息资源，其内涵涉及资源环境、社会、经济等各领域，涵盖环保、水利、气象、国土、林业、农业等众多部门。基于各部门及垂直各部门的海量环境信息资源，构建智能环境信息共享与支撑平台，综合应用云计算技术、分布式空间数据库技术、数据交换技术、空间模拟技术对这些信息进行集成管理、共享交换、模拟仿真等环境信息协同服务及深度应用。

（一）智能城市环境信息云存储系统

构建环境信息云存储系统是实现环境信息深度分析与服务的基础。智能城市环境信息云存储系统涉及多部门多层级，可能包含数百台服务器及数百套数据系统，是典型的大数据、大系统。采用云计算技术建立的智能城市环境信息云存储系统，将分布在城市不同地区、不同部门的环境数据进行统一存储和管理。系统里的硬件和软件通过智能城市专用网络提供服务，以"分布式集中"的方式将分散的环境数据资源组合在一起，实现对不同地区环境信息的集中管理和统一调度。

环境信息云存储系统，由云存储服务端及客户端组成（见图 4.2）。服务端包括系列由分布式数据库组成的各行业、各类型环保信息数据节点，以及

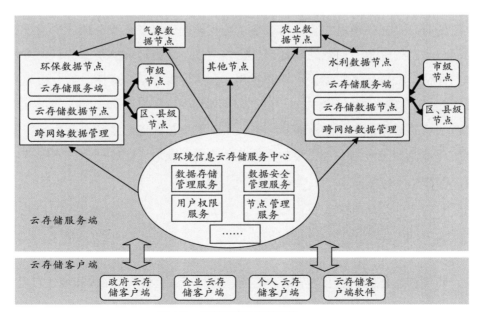

图4.2　环境信息云存储系统

云存储服务中心。客户端包括云存储客户端软件及政府部门、企业、个人等用户。

基于分布式数据库技术构建的环境信息综合数据库，包括环境要素数据、其他行业部门环境相关数据、环境空间数据以及社会经济数据等各类数据资源。该数据库集成水质、固体废物、生态环境、大气质量、土壤污染物等环境要素监测数据，各类风险源监测数据，污染源监测数据，水文、气象、农业、林业基础地理数据，社会经济等各类数据，实现分布式、多源环境监测及预警数据的集成管理，形成环境信息数据节点，为智能城市环境信息共享及应用提供数据支撑。

环境信息云存储服务中心通过集群应用、网格技术、分布式文件系统等功能，将网络中大量各种不同类型的存储设备通过应用软件集合起来协同工作，共同对外提供强大的数据存储和访问功能，并保证数据的安全性。云存储服务中心提供一系列服务，包括数据存储管理服务、数据安全服务、用户认证及权限服务以及节点注册管理等服务。而云存储客户端通过客户端软件实现数据的归档、备份、在线存储、远程共享等功能。

（二）智能城市环境信息共享交换中心

智能城市环境信息服务数据包括各种类型的环境要素质量数据，污染源数据，基础地理数据，社会经济、人口、水文、气象、农业、林业及交通等数据。在环境信息云存储系统基础上，建立环境信息共享交换中心，以实现多维、多源、多尺度、海量环境数据的共享与交换。

环境信息共享交换中心通过网络连接不同区域数据提供者、服务者和使用者，实现不同范围、领域的数据及其元数据的有效管理，实现数据加载、存储、更新、交换及共享功能。平台采用"松耦合"方式，集成数据目录服务、空间数据服务、数据汇交服务、数据查询与下载服务、资源注册服务等。上、下级数据交流时，空间数据采用 GML 标准描述数据，属性数据采用 XML 标准描述数据，以实现异构系统间的数据交换，保证异构系统之间的更新，同时支持离线模式的数据交换。

环境信息共享交换中心采用目录服务技术、Service GIS 技术、Web Service 技术等，并结合 HTTP、FTP 和 REST 等一系列网络访问传输协议，提供文件服务（对应文件数据）、HTTP 服务（对应网络数据资源）、FTP 服务（对应 FTP 站点资源）、数据库服务（对应数据库表数据）、GIS 服务、离线服务等多种类型的数据服务。

（三）智能城市环境信息协同服务系统

智能城市环境信息协同服务系统的构建以环境信息云存储系统为数据资源中心，以环境信息共享交换中心为数据集成管理中心，基于云计算、空间信息、二三维一体化、模拟仿真等技术，实现了多源环境信息集成应用、多维可视化服务、环境大数据仿真模拟、环境信息数据的挖掘和统计服务、环境模型数据应用服务等环境信息的协同应用服务。

在数据集成方面，环境信息云存储包含多种来源、多种格式、多种类型、多尺度、多时相的数据，通过云计算技术、中间件技术、空间可视化技术等手段，当客户端提交数据应用指令后，在网络环境数据云中进行数据搜索、动态数据运算以及数据缝合并返回结果，实现环境数据的大规模分布式计算及集成应用。

在数据可视化方面，综合应用二三维一体化 GIS 技术，实现环境信息的二维及三维无缝集成，实现环境信息的空间立体展示及三维应用。

在环境信息模拟仿真方面，综合应用环境专业模型、数值模拟、视景仿真技术构建大规模环境场景的模拟仿真，实现环境污染事件的模拟及预警、环境模拟演变分析等应用。

在环境信息数据挖掘方面，综合应用关联分析、聚类分析等数据挖掘技术，在数据云中进行深度搜索，获取环境风险要素关键指标的动态变化特征及时空变化规律，实现环境信息的深度应用。

环境信息协同服务系统还可以为各类环境模型提供数据输入、环境信息综合查询统计等服务（见图 4.3）。

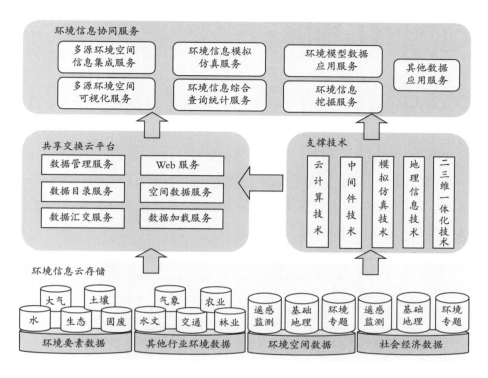

图 4.3　环境信息协同服务系统

三、环境信息的智能决策与服务系统

智能城市环境管理的目的是为各级用户提供可视化、信息化、智能化的环境信息服务，建设集成环境信息预警预报、应急反馈、优化调控、辅助决策、共享公开等功能的服务平台，实现向实时、高效、精细方向发展的环境服务。

（一）智能城市环境信息服务平台总体框架

根据智能城市环境发展的总体目标，应以水、大气、生态、土壤、固体废物等为研究要素，构建集环境监测感知、数据传输、数据管理、服务应用于一体的环境信息智能决策云服务平台。该平台是在环境信息协同服务平台的基础上，集成各类环境要素模型及系统应用，建立的具有环境数据深度应用、风险评估与预警、智能管理与决策服务功能的云服务平台，为政府及环境行业管理部门及时提供管理与决策支持服务，为科研部门和公众提供数据支持和应用服务。

环境信息智能决策云服务平台的总体架构如图 4.4 所示，集成云存储系统、共享中心、协同服务系统以及智能决策服务中心，共同构成云服务中心；利用云计算技术，将平台资源、数据资源、应用服务等进行虚拟化处理，构成"PaaS、DaaS、SaaS"资源池（Platform as a Service, Data as a Service, Software as a Service），均以服务方式提供应用。系统架构分为数据感知层、数据管理层、服务层及应用层。

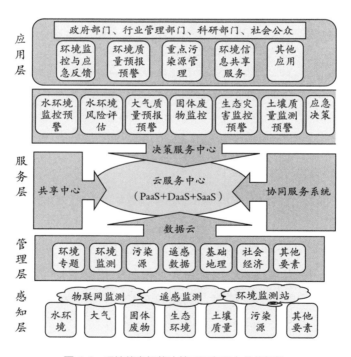

图 4.4　环境信息智能决策云服务平台总体架构

1. 数据感知层

在数据感知层，针对不同类型环境要素，基于遥感、物联网、环境监测站点等方式构建天、地、空全方位数据感知网络，建立污染源信息及环境信息实时采集系统，获取各类污染源、环境质量等数据。数据采集层包括各种智能传感器及监控设备、各种传输网络，通过相应的数据采集标准、数据传输标准、传感器标准等，对采集的数据进行传输、处理，再通过数据接口存入数据库。

2. 数据管理层

在数据管理层，根据环境监测数据分要素、分区、分级的特点，按照环境要素建立分布式数据库（包括基础地理数据、人口数据、经济数据、生态背景数据、元数据等），建成环境信息云存储系统，为环境监测模型及决策支持提供数据服务。数据库遵循统一的编码标准及数据编码规范，并通过建立数据交换标准实现数据交换与共享应用。

3. 服务层及应用层

在服务层，信息以服务模式集成各类环境监控和预警模型及业务系统，形成决策服务中心。基于连接所有协议的各种接口，水环境监控预警、水环境风险评估、大气质量预报预警、固体废物监控、生态监控预警、土壤质量监测预警、应急决策等模型及业务系统以服务的形式集成到平台中，并集成环境信息云存储系统、共享中心、协同服务系统，共同构建环境信息云服务中心，实现智能环境信息管理及决策。

环境信息云服务平台面向政府部门、行业管理部门、科研部门及社会公众，为其提供环境信息共享服务、环境信息监测预警预报服务、污染防控与环境治理辅助决策支持等服务。

（二）智能城市环境信息应用与服务模块

1. 重点污染源管理

通过实时在线监控与发布重点企业的污染排放情况，促使企业严格执行污染控制和环境保护标准，实现达标排放；及时发现污染源超标排放事件，通过行政手段要求企业进行整改。对于突发环境事故，及时发现并报警，立即启动应急预案。通过污染源的智能化管理，实现污染物源的达标排放和总量控制目标，减少污染源对环境的危害。

2. 环境信息共享与公开

建立环境信息共享与公开制度，加强加快环境信息公开，提高环境信息的客观性和全面性，保障公众的环境知情权。综合采用自助查询终端、电脑客户端、手机客户端、电视、广播、电子公告牌等多媒体手段，多渠道发布环境信息。

3. 环境质量预报与预警

构建各种环境要素的仿真模拟程序，通过环境信息的仿真模拟，对环境质量进行预报与预警。充分发挥大尺度遥感监测在城市群环境污染联防联控中的预警作用，实现对水体、大气、生态等的环境风险管理。

4. 环境调控与应急反馈

应用环境决策模型，实时提出环境调控方案，智能控制污染源的排放量，以实现调控环境质量的目的。如根据气象条件、大气中颗粒物生成条件等，环境决策模型判定雾霾等级后，智能调控机动车限行、工厂暂停或更换清洁燃料、工地停工等措施，从而应对雾霾污染，避免 PM2.5 严重超标的发生。

（三）应用服务案例

以城市大气环境的智能决策服务系统为例，该系统利用物联网、云计算等先进的计算技术，实现海量监测数据的采集、传输、集成，以及智能分析决策、预测模型等技术的集成，建立区域级、跨行政区域的大气环境预报与预警平台，对采集的大气环境监测数据进行实时分析、建模和预警，智能分配污染负荷，制订削减方案。在空气质量监测方面，进行实时监测和视频监控，以实现污染治理的精确化和精细化；在污染源管理方面，实现污染源自动监测和监控，为应急救援决策的制定和实施提供技术支撑。

　　GIS 大气颗粒物监控预警管理平台采用 WebGIS（网络地图服务）、Adobe Flex 技术、Google Map API 接口技术以及 Sample Flex Viewer 架构等关键技术来建设城市大气颗粒物监控预警管理的 WebGIS 系统。系统底层还集成了目前最先进的空气质量预测模型——Models-3。该模型是由美国环保局开发的第三代空气质量模式系统，在国际上经常用于多污染物、多尺度的空气质量预报、评估和决策等。该管理平台具有分布式特点，可以随时随地进

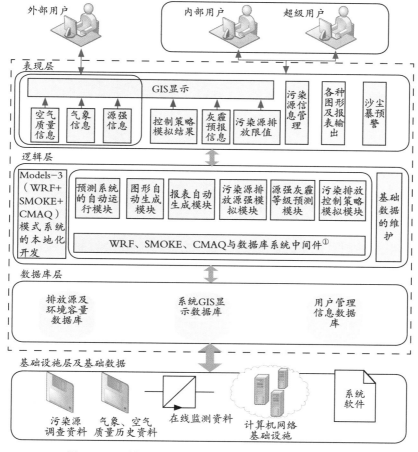

图4.5　GIS 城市大气颗粒物监控预警管理系统总体架构

---

① WRF: Weather Research and Forecasting;
　SMOKE: Sparse Matrix Operator Kenel Emissions;
　CMAQ: Community Multiscal Air Quality.

行查询、浏览等业务处理，方便各类用户进行业务预报、控制策略模拟、污染源管理及信息查询和维护等相关工作。GIS 城市大气颗粒物监控预警管理系统的总体架构如图 4.5 所示。

城市大气环境污染预报预警根据城市空气污染物排放状况及未来一段时间内气象条件、大气扩散情况、下垫面等一系列因素，通过预测、评价、监测等手段，确定城市大气环境状态、环境质量变化的速度和趋势、及达到某一变化限度的时间，预测未来一段时间内城市的大气污染程度和对民众日常活动的影响和危害，适时给出大气环境恶化和产生危害的各种警戒信息，并提出对策。因此，大气环境污染预警具有先觉性、预见性的超前功能，具有对大气环境演化趋势、方向、速度、后果的警觉作用，具有为大气环境整治、生态建设服务的功能。

四、重大工程

（一）智能城市生态环境保护信息化工程

《"十二五"国家政务信息化工程建设规划》明确将生态环境保护信息化工程列入 15 项国家重要信息系统工程之中，该工程由环保部牵头，涉及国家发改委、国家林业局、农业部、国土资源部、国家统计局、工信部、国家海洋局、水利部、国家质检总局、国家气象局、国家能源局等 11 个部委。建设目标是逐步实现污染源、污染物、生态环境质量等方面的信息共享，不断提高对重点流域、区域的环境治理水平，有效增强对环境生态和生物多样性保护的监测、评估、服务能力，有效遏制工业污染，推动环境友好型社会建设。具体的建设内容是针对危害群众生命健康的突出环境问题，按照从源头上扭转生态环境恶化趋势的要求，充分利用物联网、遥感等先进技术，进一步完善土壤、森林、湿地、荒漠、海洋、地表水、地下水、大气等方面的生态环境保护信息系统。运用新一代信息网络技术，动态汇集工业企业污染监测信息，加强工业污染和温室气体排放的评估和监测能力建设。

在我国智能城市建设与推进过程中，生态环境保护信息化工程作为重大工程，是国家层面的生态环境保护信息化工程，环保部和其他部委应共同协作、共享共建，打破壁垒，实现互通互联。各级政府信息化应用大多数还只是停留在信息发布、办公系统、便民中心等层面，实现跨部门信息共享、业务协同的难度极大。表面上看，信息共享、业务协同难是技术问题，实则是管理问题，更是体制机制的深层次问题。借助生态环境保护信息化工程整合环保系统内的信息化建设，无疑是非常好的契机，借此时机打破各部门独自建设、封闭建设、自成体系的局面，使环保系统变为跨部门的共同建设。借助生态环境保护信息化工程，强化部门协作，推进联合办公、协同业务，推动污染源精细化管理，逐步形成"一体化"的政府部门合力，显著提高部门行政效能。

（二）国家级智能环境感知物理空间和管理赛博空间

智能环保的核心是高质量的环境大数据。实现环保智能化，环境信息的泛在感知是基础，重点是要解决我国目前环境感知网络基础设施建设存在的独立分散、盲目重复、通用联动性差等问题。首先，需要加强统筹规划和顶层设计，科学部署发展进度，统一建设智能感知基础设施，形成设备兼容、信息通畅、资源共享的推进模式。同时，智能感知基础设施建设需要结合城市自身特点和发展战略，重点解决城市突出的环境问题，体现城市特色，避免"千城一面"。其次，构建天、地、空一体化的环境信息实时感知系统，建设重点污染源监控信息系统、地面环境质量监测网络、遥感监测网络等基础设施。充分利用 RFID、二维码、GPS、GIS、传感器等信息化技术随时随地感知、测量和传递环境信息。

智能环保需要重点突破现有环境信息低端服务应用的现状，必须依托新一代计算机技术和虚拟空间技术，搭建利用环保大数据进行环保策略赛博优化的虚拟数字空间，破解城市环保的瓶颈问题。首先，汇集多维多源信息资源，链接环保、水利、气象、国土、林业、农业等部门，引导信息管理从"孤岛式"向"无边界式"转变。其次，建设环境大数据处理中心，综合应用云存储和云计算、分布式数据库、仿真模拟等技术对环保大数据进行集成管理与综合处理。第三，建设环境信息综合决策服务平台，实现环境质量预警预报、应急反馈、优化调控、辅助决策、共享公开等功能，实现城市环境质量智能化管理。

五、创新点

（一）城市生态环境系统的智能调控机制

我国环境管理开始由以环境污染控制为目标导向向以环境质量改善和环境风险防控为目标导向转变，环境管理对环境信息的感知、评价、预警、决策、共享等提出了更高的要求，推动城市生态环境系统逐步迈入自适应、自调节的高级状态。

通过建立城市环境的泛在感知系统、多通道传输系统、大数据赛博优化系统、环境政务和决策系统等，实现基于海量环境信息的城市生态环境智能调控，从而实现改善城市环境质量、主动防控城市环境风险的目标。

（二）智能环境优化产业结构和空间布局

环境容量与污染物总量的矛盾是我国环境问题的主要症结，污染源控制仍然是我国环境保护的重中之重。而在快速经济发展的背景下，不合理的产业结构和空间布局是造成我国城镇化过程中污染物总量远远超过环境容量的主要原因之一。

为了促进生态文明建设和加快美丽城市梦的实现，产业结构和空间布局的优化已经成为重要举措。通过对污染源环境影响的仿真模拟，实现污染源的智能管理，并根据环境容量对产业遴选和厂址选择进行优化，使产业结构和空间布局趋于合理。对已有污染源，可实现限产、整改、关停等动态管理；对新建污染源，可实现准入管理。

第5章

i·City 我国城市智能生态环境监测

一、背景

（一）我国生态环境监测存在的问题及未来发展趋势

我国生态环境监测由于起步较晚，缺乏统一的标准，国家尚未制定技术规范，仅在农业、海洋等方面研究制定了比较具体的技术规范。环境监测工作比较注重城市环境监测、工业污染源监测、环境质量监测，而忽视了生态环境监测。当前的生态监测主要限于污染生态监测，现有监测能力、技术与设备水平有限，生态监测评价经验不多，对生态系统规律性认识不足，因此当前优先监测指标必须从实际出发，属于污染的生态指标仍为当前优先监测指标。同时，由于经济发展过快对生态环境造成压力，压力指标的监测在当前亦十分迫切，需尽快列入优先监测指标。

目前，我国环境监测事业的发展面临着内、外两方面的巨大压力。外部压力主要有两方面：一是加入WTO后，环境监测领域面临对国外检测机构开放的压力；二是国内各部门、各行业监测站和部分科研院所不规范从事环境监测工作带来的压力。从目前来看，外部带来的冲击和压力不是主要的，尚不能对我国环境监测事业的发展构成威胁或产生大的障碍。制约我国环境监测事业大发展的真正压力来自内部：一是环境监测的性质、地位、作用和环境监测站的职能没有法定化，缺乏规范全国环境监测工作的法律法规；二是现行的环境监测管理体制和运行机制不适应环境监测事业的发展要求；三是环境监测缺乏长效、稳定的财政保障平台；四是监测队伍混乱，缺乏监测资质和质量监督机制；五是监测基础薄弱，监测技术体系尚不完善，监测能力和人员素质尚待提高。

面对这些问题，应从以下几个方面着手应对：出台由国务院颁布的《全国环境监测管理条例》；建立环境监测机构资质认证制度和环境监测人员执业资格认可制度；理顺环境监测管理体制和运行机制；组建完善的国家级环境监测网络。

生态环境监测的总体趋势是 3S 技术和地面监测相结合，从宏观和微观角度全面审视生态质量；网络设计趋于一体化，考虑全球生态质量变化，在生态质量评价上逐步从生态质量现状评价转为生态风险评价，以提供早期预警；在信息管理上强调标准化、规范化，广泛采用地理信息系统，加强国与国之间的合作。

目前，美国、欧洲、日本和我国都在制定新的观测计划，国内北京、上海、重庆、厦门等地都在推进基础数字化工作，推广 GPS 定位观测，这些计划的实施将为区域环境监测提供重要的数据。传统监测手段只能解决局部监测问题，而综合整体且准确完全的监测结果必须依赖 3S 技术。充分利用计算机技术把遥感、航照、卫星监测、地面定点监控有机结合起来，依靠专门的软硬件使生态监测智能化，使生态资料数据上网，实现生态监测网络化，是目前以及今后相当长的一段时间内监测人员的重点工作内容。

面向未来的生态环境监测已经显示出新的发展动向：①目前以人工采样和实验室分析为主，向自动化、智能化和网络化监测的方向发展；②由劳动密集型向技术密集型的方向发展；③由较窄领域监测向全方位领域监测的方向发展；④由单纯的地面环境监测向与遥感环境监测相结合的方向发展；⑤环境监测仪器将向高质量、多功能、集成化、自动化、系统化和智能化的方向发展；⑥环境监测仪器将向物理、化学、生物、电子、光学等技术综合应用的高技术领域发展。

总之，随着经济的发展，人口、资源、环境问题的日益严峻，单纯的理化、生物指标监测是远远不够的，生态监测是环境监测发展的必然趋势，它必将被广大环境监测工作者逐步认识和掌握。

（二）国家重点生态功能区县级生态环境监测概述

国家重点生态功能区作为《全国主体功能区规划》划定的限制开发区，

是在国家层面上提供水源涵养、水土保持、防风固沙和生物多样性维护等生态功能及生态产品的重要区域，是维护国家生态安全、构建国家生态屏障的关键区域，也是维系中华民族可持续发展的生态红线区域。县级人民政府作为我国生态环境管理体制中的基层行政主体，是国家生态环境政策的执行者和最终落实者。

为评估国家重点生态功能区生态环境状况，自 2009 年起，中国环境监测总站利用国家环境监测网的环境监测优势力量，启动了国家重点生态功能区县级生态环境质量监测与评价研究工作，并研发了业务化信息系统。自 2012 年起，该系统成功应用于国家重点生态功能区转移支付政策中的生态环境保护绩效评估，每年对享受该资金的县级人民政府开展生态环境绩效评估。2013 年，评估县域达到 492 个，主要为《全国主体功能区规划》的水源涵养、水土保持、防风固沙和生物多样性维护的 25 个国家重点生态功能区，涉及我国河北、山西、内蒙古、吉林、黑龙江、安徽、江西、河南、湖北、湖南、广东、广西、海南、重庆、四川、贵州、云南、西藏、陕西、甘肃、青海、宁夏、新疆及新疆生产建设兵团等 24 个省级行政单位。

二、智能生态监测对象

（一）生态监测的对象及监测指标

生态环境监测已不再是单纯地对环境质量进行现状调查，而是监测生态系统条件变化引起的环境压力并分析其变化趋势，侧重于宏观的、大区域的生态破坏问题。生态监测的对象包括农田、森林、草原、荒漠、湿地、湖泊、海洋、气象、物候、动植物等，每一类型的生态系统都具有多样性，不仅包括环境要素变化的指标和生物资源变化的指标，同时还包括人类活动变化的指标。

生态监测的因子是根据《生态环境状况评价技术规范》的生态环境质量指标提出的，如生物丰度指数、植被覆盖指数、水网密度指数、土地胁迫指数和环境质量指数。生态监测的类型根据其两个基本的空间尺度，划分为宏观生态监测和微观生态监测两大类。

（1）宏观生态监测。在大区域范围内对各类生态系统的组合方式、镶嵌特征、动态变化和空间分布格局及其在人类活动影响下的变化等进行监测，主要利用遥感技术、地理信息系统和生态制图技术等进行监测。

（2）微观生态监测。监测对象的地域等级最大可包括由几个生态系统组成的景观生态区，最小也应代表单一的生态类型。它是对某一特定生态系统或生态系统集合体的结构和功能特征及其在人类活动影响下的变化进行的监测。

宏观生态监测起主导作用，且以微观生态监测为基础，二者既相互独立，又相辅相成。

生态监测的指标体系从宏观角度上可以将生态系统划分为陆地、海洋两大生态系统，主要监测要素指标如下。

（1）气象指标：气温、湿度、风向、风速、降水量及其分布、蒸发量、土壤温度、日照和辐射收支。

（2）水文指标：地表径流量及其化学组成、地下水位。

（3）土壤指标：养分含量及有效态含量、pH值、交换性酸（盐）及其组成、阴离子交换量、有机质含量、土壤颗粒组成、团粒结构组成、容重、孔隙度、透水率、饱和水量及凋谢水量。

（4）植物指标：种类及组成、指示种、指示群落、种群密度、覆盖度、菌体量、生长量、凋落物量。

（5）动物指标：种类、种群密度、菌体量及时空动态、能量和物质收支、热值。

（6）微生物指标：种类、分布及其密度和季节动态变化、菌体量、热值。

（7）底质指标：有机质、总氮、总磷、pH值、重金属、农药、氰化物。

（8）浮游动物指标：种群数量、分布及变化、总生物量。

（9）底栖生物指标：种群构成及数量、优势种及动态。

（10）游泳动物指标：生物种群与数量、洄游规律、食物链、年龄结构、丰度、生产量、珍稀动物种类及数量。

（二）城市生态环境监测

3S技术较早应用于城市规划、大气污染监测等。利用RS资料和GIS平台，可编绘城市大气污染源的分布图，同时采用航空多光谱摄影手段可监测大气污染的主要污染物、颗粒大小及空间区域的分布，分析城市地面辐射温度和城市"热岛"现象形成的关系。应用卫星或机载热红外图像，通过图像处理技术，可定期把热污染的分布范围和强度显示出来。根据植被光谱反射率及其影像特征，可以获得许多植被信息资料，如植被覆盖率、叶面积指数、植被类型等。采用多光谱有关数据及其生成的植被指数，经图像处理和定量分析，可以对植被和土地状况进行分类，监测城市化等环境变化进程。

GIS技术还用于城市生态环境调查、现状和污染源监测、生态功能和环境影响评价等。利用3S技术，全国大部分省市都已建立了环境基础数据库，开发了城市环境地理信息系统、环境污染应急预警预报系统等，利用GIS制作了污染源分布图、大气质量功能区划图等专题图，建立了各种环境空间数据库。

（三）水资源生态环境监测

利用3S技术对河流水质、水量等进行监测，可准确地显示不同区域的水环境状况，反映水体环境质量在空间上的变化趋势，更加直观地反映污染源、排污口等环境要素的空间分布。利用RS可以快速监测出水体污染源的类型、位置分布及水体污染的分布范围等。

3S技术还应用于流域水文模拟，水资源调查评价，生态耗水分析，水域分布变化、水体沼泽化、水体富营养化、泥沙污染等监测。如利用GIS技术开发的东深流域水环境管理信息系统可直观地显示和分析东深流域水环境现状、污染源分布、水环境质量评价，追踪污染物来源，确保东深供水工程的供水安全；RS技术也在南水北调工程生态环境监测中得到应用。

（四）生态环境灾害监测

我国是一个自然灾害种类繁多、发生频繁和危害严重的国家，3S技术在洪涝、干旱、林火、森林病虫害、沙漠化等突发性自然灾害监测中已得到广泛应用。森林病虫害、沙漠化等监测主要以陆地卫星 TM 数据为主，林火、洪水、雪灾、旱灾等灾害监测主要基于 NOAA 数据来运行，灾后的评价多采用航空遥感手段，以便更准确地制订生产自救和重建家园计划。

利用 GIS 和 RS 技术可对水土流失、土地沙化和盐碱化、森林和草场的退化与消失、海水入侵、河流断流等进行监测；利用 GIS 和 GPS 技术可以对由于过量开采地下水导致的地面沉降进行实时监控；利用 RS 可监测赤潮发生的时间、地点和范围，并根据水文气象资料进行赤潮的实时速报；利用 RS 调查与滑坡、泥石流有关的环境因素，可以推测滑坡、泥石流的发育环境因素及产生条件，进行区域危险性分区及预测，可为防治地质灾害提供依据。目前，我国已建立了重大自然灾害的历史数据库和背景数据库，宏观地研究自然灾害的危险程度分区和成灾规律。

（五）森林生态环境监测

近年来，3S 技术已广泛应用于森林资源、荒漠化、湿地、野生动植物、森林火灾、森林病虫害等资源与生态环境监测。RS 技术主要用于调查和动态监测森林资源，编制大面积的森林分布图，对宜林荒山荒地进行立地条件调查，绘制林地立体地图、土地利用现状图和土地潜力图等，测算各类土地面积，进行土地评价。RS 应用于"三北"防护林综合调查，用两年时间查清了占全国 60% 面积的"三北"地区森林、土地、草场等再生资源的数量，并对其生态环境进行了评价。

甘肃省利用 RS、GIS 技术对林地和草地资源进行本底调查、分析和资产评估，最终构建了具有友好界面且易操作的林、草生态资产评估系统。目前，我国利用 RS 技术已开展了多项草地资源的调查、监测和资源评价，2003 年完成的全国草地资源动态监测工作，建成了 1∶500 000 比例尺的草地资源数据库。GIS 与 RS 结合可在宏观上对森林害虫进行有效监测，包括害虫适宜生境的风险评估、病虫害空间分布动态监测、病虫害发生趋势预测等。GIS 与专家系统、人工智能相结合还可建立森林害虫治理决策模型和支持系

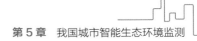

统。3S 技术在森林火灾防控中主要用于火灾的实时监控和灾后的损失评估。

（六）农业生态环境监测

3S 技术在农业生态环境监测中可用于土地的生产潜力评价、土地的适宜性评价、土地持续利用评价及土壤侵蚀、土地沙化和土地次生盐渍化等监测。对土地环境的监测除实地进行定位观测外，还可用不同时期的同一幅影像进行影像叠加、对比，以准确地看出土地资源的变化情况。耕地地面温度、土壤水分的旱涝状况等环境条件以及农作物的生长状况都可通过近红外和热红外接收的遥感影像探测到。

（七）海洋生态环境监测

利用 3S 技术可以获得海面悬浮泥沙、浮游生物、可溶性有机物、海面油膜和其他污染物等信息，监测海洋生物体污染、石油污染、洋面温度等。RS 在海洋资源的开发与利用、海洋环境污染监测、海岸带和海岛调查等方面已取得了成功的应用。

（八）区域生态环境监测

3S 技术可以广泛地应用于区域生态环境质量监测与评价。在区域环境质量现状评价工作中，可将地理信息与大气、土壤、水、噪声等环境要素的监测数据结合在一起，利用 GIS 软件的空间分析模块，对整个区域的环境质量现状进行客观、全面的评价，以反映出受污染区域的空间分布及其受污染的程度。

如：利用 3S 技术对青海湖环湖重点区域生态环境进行遥感本底监测，制作出生态环境分类图，建立了生态环境数据库；通过对鄱阳湖区的围湖造田、洪涝、湖盆泥沙淤积、水质污染、血吸虫病疫区等进行监测，实现了湖区特大洪涝灾害动态监测、圩堤分布及防洪能力评价、湿地生态及生物多样性分布、湖体水质评价等；长三角、珠三角等地区也在利用 3S 技术开展城市生态、湿地或湖泊生态、农业生态等监测。

三、智能生态监测数据采集技术

（一）射频识别技术

射频识别（Radio Frequency Identification，RFID）技术是一种利用射频通信实现的非接触式数据自动识别和采集技术。它通过射频信号自动识别目标对象并获取目标对象的相关参数。RFID 具有可读写、反复使用、移动识别、多目标识别、定位及跟踪管理等功能。RFID 识别工作无须人工干预，可工作于各种恶劣环境中。因此，在生态领域中，RFID 技术能够实现对生态对象的移动跟踪和管理，以及实时获取对象的状态信息。

按照工作频率的不同，RFID 标签可以分为低频（Low Frequency, LF）、高频（High Frequency, HF）、超高频（UHF）和微波等不同种类。不同频段的 RFID 工作原理不同，LF 和 HF 频段 RFID 标签一般采用电磁耦合原理，而 UHF 及微波频段的 RFID 标签一般采用电磁发射原理。目前，国际上广泛采用的频率分布于四种波段：低频（125 kHz）、高频（13.54 MHz）、超高频（850 MHz～910 MHz）和微波（2.45 GHz）。每种频段对应着不同的作用距离和功能，因而不同应用领域的频段也不尽相同。

生态领域物联网对 RFID 技术的应用主要集中为对物品（危险化学品、放射源、固体废弃物等）进行跟踪、监控和管理，因此适合物联网大规模应用的频段主要集中在 UHF 频段。但是 UHF 频段在不同的国家通常都受到频段资源的限制，因此不同国家 UHF 的应用频段都不相同。除频段以外，物联网标签的识别编码也很重要，因为物品要想通过互联网获得自己对应的信息，就必须有唯一的 ID（Identification）号码与之匹配，而且其编码规则和解析方式还应与物联网解析方式相对应，这样才能通过对标签的访问获得物品的信息。

（二）视频感知技术

由于生态问题涉及的方面比较广泛，而且对实时性要求高，利用视频感知技术，可以确保生态工作得到及时有效的实施。通过视频感知：可以查看治污设施是否在正常运行，从而判断治污效果；对企业烟囱即时排放情况进行实时监控，可以实现烟气黑度预警；对事故现场应急事件的视频进行采集，可以使指挥中心及时掌握事件的发展态势。

随着智能视频分析与自动识别技术的发展，视频感知将成为最重要的感知技术，成为物联网信息感知层最重要的技术之一。与其他传感器相比，视觉感知设备具有覆盖范围大、信息丰富、精确度高、对环境和用户透明等优点。

从行业发展趋势看，智能化、数字化、网络化的视频感知技术将在生态监控的建设中越来越普及，智能化、数字化、网络化处理将贯穿于系统的传输、控制、存储等所有环节。基于智能化、数字化、网络化的"编解码器+监控平台"，在组网灵活性以及生态部门未来移动、手持等智能应用的可扩展性方面存在无可比拟的优越性。

（三）传感器技术

传感器节点是物联网感知生态要素的前端，可以通过光学、热学、电学等领域的物理信号并将其转化为电信号，从而感知生态对象的信息。生态感知的节点组成如图 5.1 所示。

单一的或集成的传感器：从生态中收集数据。

中心单元：作为微处理器管理传感器采集的数据。

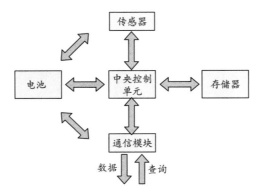

图 5.1　感知节点组成示意

无线收发设备（包括通信模块）：发送和接收无线信号并与周围环境通信。

存储器：用来存储临时数据以及在运行过程中产生的数据。

电池：提供能量。

传感器：将诸如流速、化学电位以及病原微生物存在的现象转化为电信号的反应的装置。

生态传感器：通常根据所感应对象的物理、化学和生物属性分为相应的三类。在嵌入式的生态监测中，需要对传感器做以下评价：传感器的现场实用性、传感器对于分布式生态监测的可扩展性。

1. 物理参数传感器

体积流量、流体速度、压力、深度、温度、蒸发速率、透光度、光质、土壤基质电位以及土壤湿度等参数都可以通过性能优良的物理传感器得以测量。很多物理传感器相对来说非常便宜，这使得它们能够扩展应用到更多大型监测项目中。除此之外，还有一种用途也较广的物理传感器——声学多普勒测速仪。声学多普勒测速仪的价格较其他物理传感器要贵，它能够感知较大空间范围的水流速度场分布。

物理传感器及激发器如图 5.2 所示。其中，A 为 Decagon 回声湿度传感器，其探头能够在一般的低校正情况下的土壤中正常工作，在没有校正的情况下其精度偏差在 4% 范围内，校正的情况下精度偏差能够控制在 1% 以内；B 为 HOBO 水位数据存储器，用于记录水井、水流、湖泊、湿地、潮汐地区的水位和水温，能够完全做到自主控制；C 为声学多普勒测速仪（ADV），是 Sontek 公司的产品，是一个高灵敏度的感知三维水流速度场的设备；D 为

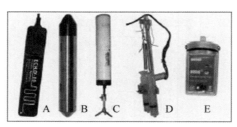

图 5.2　物理传感器及激发器示意

带有激发器的物理采样设备，用于远程采集水样，供实验室详细分析；E 为 HOBO 温度和光照数据存储器，防水，而且能够记录大约 28 000 条温度和光照的读数。

物理传感器的发展方向是微型化，并能够与电子通信设备相连封装，能够提高它们在野外的适用性、可扩展性以及更好地应用于传感网络中。

2. 化学参数传感器

目前测定多种基本水质指标的传感器集成设备已经商品化，如能够适用于苛刻的生态条件的数据探测器（Data Snodes）。这种集成传感设备包含测定溶解氧、电导率、pH 值、氧化还原电位、荧光和浮游生物量的传感器。

某些普通的离子，如氯离子、钠离子和营养盐离子（硝酸盐、铵盐等）是采用离子选择电极分析的成熟的实验室分析技术。很多情况下，我们需要检测 10^{-9} 级痕量浓度的物质，而离子选择电极因较低的灵敏度和可靠性限制了其在野外现场分析的应用，因此离子选择电极在野外监测中的应用还需要更进一步的研发。

化学传感器如图 5.3 所示。其中，A 为 Hydrolab 五种功能数据探测仪，其检测指标包括光合有效辐射、深度、氧化还原电位、浊度、温度、pH 值、电导和发光溶解氧；B 为原位紫外光度计（ISUS），能够测量溶解的硝酸盐对紫外光的吸光度；C 为 Sentek 离子选择电极，用于测量铵盐和硝酸盐的浓度。

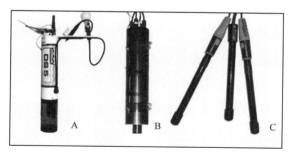

图 5.3　化学传感器示意

3. 生物参数传感器

目前，基于实验室的生物感应技术已经比较成熟，但商业化实用的野外生物指标及其副产物的检测传感器还很少。生物传感器的耐用性、小型化要求限制了分布式传感系统在生态生物学中的应用。

4. 辐射传感器

Los Alamos 国家实验室和墨西哥大学的研究者将合作开发的一种灵活的、离散的传感器阵列系统沿着双向的公路布置，用以探测由汽车运输的辐射分散设备。这种检测能够实现对爆炸性放射同位素的迅速响应，防止其在人口密集区爆炸。

为了将此技术用于实际，相关研究需要着眼于更好地解决成本、简单性、检测效率以及网络密度等问题，并考虑能源和系统大小的问题；相关技术应能够检测早期体内放射性暴露水平。

（四）感应节点技术

分布式感应节点的关键技术包括耗电（电源管理）技术、安全性技术、自组织网络技术、野外耐用性等。

由于末梢节点分布广，采用有线供电不但需要巨大的成本，而且限制设备的应用。因此，解决采集设备供电问题是关键问题之一，主要解决途径有如下几方面。

（1）提升微电子工艺水平：通过提高产品的工艺水平降低芯片功耗。

（2）加强电源管理控制：通过合理使用设备的休眠、唤醒功能，以及采用发送功率低的 RF 等降低传感功耗的方式来进一步降低设备整体功耗。

（3）从供电设备入手，使用高能电池加长续航时间，利用感应线圈、太阳能实现电磁充电和供电。对于一些无源环境，如果能够采用高性能的无线感应线圈或太阳能蓄电方式进行供电，将有利于产品的普及和应用面的扩展。

信息安全是末梢节点的另外一个难题，需要解决恶劣环境和人为因素引起的数据采集环节和节点间信息传送中的安全性问题。例如：传统的无线电电磁干扰和对传感器网络的路由机制进行攻击，造成节点发送错误数据和非法数据，侵入节点致使网络的某些节点和某些网段互发大量的无用数据，造成节点能量很快耗尽，传感器网络分立，形成监测黑洞，无法完成正常监测工作。目前的主要解决方案是采用扩频通信、传感器节点接入认证、鉴权、数据水印和数据加密等技术提高信息采集和网络的安全性。

（五）3S 技术

随着科学技术的发展，3S 技术在生态监测中得到越来越广泛的应用，成为生态监测的主要技术手段。

利用 3S 技术对生态环境进行监测，可以了解区域范围内生态质量的变化和演变趋势；对水体进行监测，可以识别测区内水体污染源、污染范围、污染面积和浓度；对大气进行监测，可以了解大气污染源的分布、污染源周围的扩散条件、污染物的扩散影响范围等。此外，利用 3S 技术还可以对城市热岛效应、固体废弃物、自然灾害和突发性污染事故等进行监测管理。

随着空间技术、传感器计算、数字图像处理等技术的发展，3S 技术的综合性将得到不断提高，3S 技术在生态保护领域的应用也将进一步得到拓展。

四、智能生态数据处理技术

当传感器布置完毕，并且数据网络也正常运行时，数据分析就显得很重要。查询和发现传感器数据对于数据融合任务而言非常关键，且面临很多问题。一是，对于一个定量检测的系统，从设计选择到常规操作，校核和驱动都会产生不确定性。当有驱动的操作时，不确定性会增加，因为最初的决定本身是可以数据驱动的。二是，如果数据需要在不同组织或者不同学科之间共享就必须要研究标准化数据和元数据，同时标准化对于数据的衍生产品（比如模型模拟结果、分析结果，甚至简单的合并）也很重要。三是，由于来自于检测系统的数据集通常很大，而且具有异源性，因此数据分析特别复杂。例如，适应性采样的算法有助于发现细微的环境现象，但是它们没有办法有规律地生成数据，这样就使得下游的数据流建模非常复杂。四是，需要将分析数据的结果以对大多数用户来说有意义的形式发布，这些用户包括科学研究组织、决策者以及公众。解决以上问题的途径主要有以下几个方面。

（一）协同处理技术

在传感网中，各传感器节点提供的信息可能具有不同的特性，时变的或非时变的，实时的或非实时的，确定的或随机的，精确的或模糊的，互斥的或互补的。多尺度、多模式驱动的自动系统传回的数据很复杂，所以难以解析这些数据。首先，并不是通过简单的"合并"就能把具有不同来源的数据融合，以用于下一步的建模。相反，数据融合的过程可能需要非常复杂的统计过程。其次，传感器具有固有的不可靠性，以及它们在使用过程中的移动特性，而经过模型分析，可以得知这些特性是怎样影响系统的不确定性的。然而，即使找到了所有不确定的源，研究者还是希望能够找到形式和尺度之间的对应关系，这样就可能设计出减轻下游数据分析负担的感应系统了。

传感网的信息融合和协同处理技术是将从多个传感器得到的数据和从相关数据库得到的相关信息进行协同模式识别和融合，以得到比单个传感器更高的准确度和更明确的推理。传感网信息处理技术包括信息融合技术与协同处理技术两部分，信息融合技术将各种传感器在空间和时间上的互补与冗余信息依据某种优化准则结合起来，其目标是基于各种传感器分离观测信息，通过对信息的优化组合导出更多的有效信息。协同处理技术在应用业务需求驱动下利用平台资源进行协同计算和处理。

（二）可视化技术

在生态监测中使用可视化技术，采用丰富的规则、图、表或其他可视化方法对数据进行可视化分析，进而让各个层面的用户更直观地认识和理解这些数据，这是可视化技术的发展趋势。可视化技术已应用于生态监测管理的多个方面，如大气生态质量模糊评价的可视化；对污染源排污预测、污染源负荷分配、排污收费等；对生态质量变化的动态仿真，包括历史回溯与未来预测。另外，在土壤质量监测方面，对挖掘出的聚类结果进行更深层次的、系统的可视化研究，进而对土壤质量进行等级评定等。

现在已经进入"读图时代"，可视化技术在涉及数据展示、数据交互或数据分析的领域将大显身手，数据可视化与应用也将不断深入，并表现出数据可视化技术与分析科学相结合的趋势。通过运用数据可视化技术可发现生态感知数据中隐含的规律，为环境决策提供依据。

（三）数据流计算技术

传感器网络实时监测、感知和采集各种生态或监测对象的信息，并对其进行处理，然后传送给这些相应的用户，使得数据流量和计算资源的需求无限扩张。这必然要求存储资源和计算资源的可控、可管理和可运营。

流计算非常适合用于处理来自生态监测传感器的数据，因为这些数据的采集是连续的。传感器种类的多样导致数据采集速率不同，而数据流系统通过过滤、集合、相关联和建模等分析功能的调度，实时分析不断流入的数据。其设计理念是在高负荷和动态输入的条件下良好运行，并且能够持续自主调节资源的分配以支持最高优先级的行为。

（四）云计算技术

云计算（Cloud Computing）是网格计算（Grid Computing）、分布式计算（Distributed Computing）、并行计算（Parallel Computing）、效用计算（Utility Computing）、网络存储（Network Storage Technologies）、虚拟化（Virtualization）、负载均衡（Load Balance）等传统计算机技术和网络技术发展相融合的产物。它旨在通过网络把多个成本相对较低的计算实体整合成一个具有强大计算能力的完美系统，并借助 SaaS、PaaS、IaaS、MSP 等先进的商业模式将强大的计算能力分布到终端用户手中。云计算的一个核心理念就是通过不断提高"云"的处理能力，减轻用户终端的处理负担，最终使用户终端简化成一个单纯的输入输出设备，并能按需享受"云"的强大计算处理能力。

云计算的核心思想是对大量用网络连接的计算资源进行统一管理和调度，构成一个计算资源池，提供面向用户的按需服务。

（五）数据挖掘技术

在人工智能领域，数据挖掘习惯上又被称为数据库中知识发现（Knowledge Discovery in Database, KDD）。也有人把数据挖掘视为数据库中知识发现过程的一个基本步骤。知识发现过程由三阶段组成：数据准备、数据挖掘、结果表达与解释。数据挖掘可以与用户或知识库交互。

并非所有的信息发现任务都被视为数据挖掘。例如，使用数据库管理系统查找个别的记录，或通过互联网的搜索引擎查找特定的 Web 页面，则是信息检索（Information Retrieval）领域的任务。虽然这些任务是重要的，可能涉及复杂的算法和数据结构，但是它们主要依赖传统的计算机科学技术和数据的明显特征来创建索引结构，从而有效地组织和检索信息。

（六）海量数据云存储技术

云存储是在云计算（Cloud Computing）概念上延伸和发展出来的一个新的概念，它通过集群应用、网格技术或分布式文件系统等，将网络中大量各种不同类型的存储设备通过应用软件集合起来协同工作，共同对外提供数据存储和业务访问功能。当云计算系统运算和处理的核心是大量数据的存储和管理时，云计算系统就需要配置大量的存储设备，那么云计算系统就转变成为一个云存储系统，所以云存储是一个以数据存储和管理为核心的云计算系统。

五、系统架构及开发

（一）碳排放监测监管系统

低碳城市以低碳经济为发展模式及方向，其市民以低碳生活为理念和行为特征、政府公务管理层以低碳社会为建设目标。低碳城市目前已成为世界各地的共同追求，很多国际大都市都以建设发展低碳城市为荣，关注和重视在经济发展过程中的代价最小化、人与自然的和谐相处、人性的舒缓包容。

城市碳排放监测监管平台的建设可以有效管理城市中的碳排放及碳汇状况，一方面为碳排放监管部门和政府管理部门进行碳减排的科学决策提供第一手科学数据；另一方面，可促使排污企业、公共交通、个人生活等碳排放主体积极采用低碳高效能源，采取有效的减排措施，加快绿色环保城市的建设进程。通过对城市碳源摸底，建设以地理信息系统为支撑的应用平台，旨在对城市碳源进行虚拟区域划分，并借助强大的物联网监测技术实现与低碳监管中心的资源共享，以实时和准实时监测并举的方式获取碳排放客观数据。通过对各类碳排放活动数据进行计算、分析，可以为碳排放监测监管部门和政府其他相关部门提供第一手决策数据。

建设碳排放监测监管系统本着总体规划、分步实施的准则，进行前期调研及支撑架构、模型的搭建。系统架构由基础平台、计算平台、支撑平台、业务应用、公共服务、安全防护体系、标准规范体系、管理与服务体系等部分组成，如图 5.4 所示。该系统可实现如下几方面的应用：以工业碳排放作

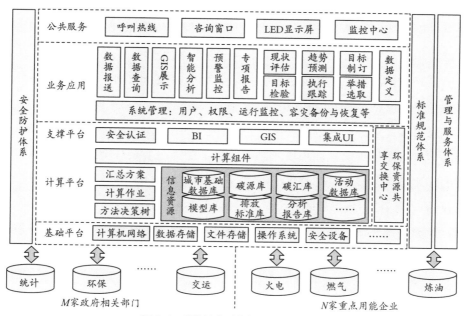

图 5.4　碳排放监测监管系统总体架构

为调研数据的来源，进行统一整合梳理，为监管业务的源数据模型提供基础服务支撑；完成全市范围的碳排放监测监管应用系统开发和碳排放监测监管数据中心建设，以及系统整合测试与试运行；结合传感网络应用发展的先进性和广泛性，并从保护现有城市环保投资出发，共享水利水文监测、环境监测、气象监测等部门的数据，使碳排放数据采集和监管更加智能化。

（二）遥感监测分析系统

1. 建设内容及建设规模

目前，我国的环境监测站点和网络还主要分布在城市及重点地区和流域，少且分布不均，监测频率低、监测手段少。同时，有的地方环境监测点位布局不合理，环境监测范围、内容尚不足以全面反映环境质量状况。某些领域的环境监测指标不全面，空气监测基本不具备 PM2.5、有毒有害污染物的监测能力。在生态监测、生物、土壤、电磁波、放射性、环境振动、热污染、光污染等领域，环境监测能力不强，尚需进一步加强。大范围、宏观生态环境监测能力不够，区域生态环境综合分析能力，新型环境问题监测能力缺乏。以上问题说明我国距全面实现"说得清环境质量现状及其变化趋势、说得清污染源状况、说得清潜在的环境风险"的要求尚存在一定差距；还无法满足环境执法督查、环境应急与预防、环境监测与预测、生态保护与环境监管等环保重点业务工作的要求。

面对如此艰巨、复杂的环境保护工作任务，需要全面提升环境监测与监管能力。然而传统的地面环境监测手段已不能满足复杂环境形势的需求。现有的环境监测主要依靠基于地面布点采样的物理或化学分析测量方法进行，不仅费时费力，而且缺少站点，缺乏时间、空间上的连续性，质量难以控制。地面常规环境监测技术无法充分满足环境保护工作的需要，即使通过更多的投入加密地面观测，也难以做到对全市各类地区不同情况下环境污染的有效监测。遥感具有大范围、快速、连续、动态、可视、大信息量的特点，不仅可以对土地覆盖进行精确分类，还可以对植被结构、覆盖度、生物量、土壤水分、水体叶绿素、大气气溶胶、颗粒物、污染气体等关键环境参数进行长期动态监测。因此，需要利用卫星遥感技术的优势，实现环境空气、水环境、宏观生态大范围、全天候、全天时的动态监测，提高对生态环境变化和重大环境事故的监控能力，提高环境评估的准确性和科学性，最大限度地降低或避免环境事件造成的社会与经济损失。

2. 环境遥感监测系统及架构

环境遥感监测系统包括数据管理与用户服务系统、地表水环境遥感应用系统、环境空气遥感监测系统、生态环境遥感监测系统，同时包括构建的无人机航空遥感观测平台。通过环境一号等多源遥感数据及航空飞行数据，实现地表水环境质量状况、环境空气质量状况、生态环境质量状况与动态变化信息、生态功能保护区现状与动态变化信息、区域生态与环境灾害等关键环境参数产品的生产，对区域生态环境进行长期的动态监测，并为环境管理提供基础环境信息和技术支撑。

环境遥感监测技术体系的系统架构为天地一体化环境遥感技术体系—环境卫星技术体系—数据处理技术体系—遥感应用技术体系，其业务流程如图5.5 所示。

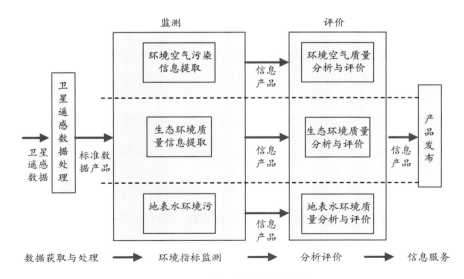

图 5.5　环境遥感监测业务流程

（1）数据获取与处理。根据环境遥感业务的需要，获取环境卫星的遥感数据、其他卫星遥感数据、基础地理空间数据、环境背景数据、地面环境监测数据、社会经济数据等。对获取的环境卫星遥感影像数据进行处理，包括图像辐射纠正、几何纠正、几何精校正、正射校正、大气校正、图像融合、图像镶嵌、图像增强、图像变换、图像滤波、复原等。数据处理后形成的产品供后续业务使用。

（2）环境指标监测。对数据处理后的产品进行环境特征信息提取，这些特征信息包括土地生态分类信息、生物物理参数信息、地表物理参数信息、全国生态环境质量状况现状与动态变化信息、自然保护区现状与动态变化信息、生态功能保护区现状与动态变化信息、城市生态质量现状与动态变化信息、土壤类型与污染特征信息、固体废物分布与类型特征信息、区域生态与环境灾害（水华、溢油、赤潮、沙尘暴）信息、全球变化信息、区域环境空气质量信息，以及内陆水体、近岸海域、饮用水水源地水质状况信息等。这些信息一方面反映生态环境质量状况、环境空气质量状况和地表水环境质量状况，另一方面用于生态环境质量评价、环境空气质量评价和地表水环境质量评价。

（3）分析评价。针对不同区域和目标，利用信息提取阶段输出的结果，结合地面其他数据，选择评价指标和评价方法对生态环境质量、环境空气质量和地表水环境质量进行评价。

（4）信息服务。将信息提取和评价分析产生的信息产品，通过网络等方式对外发布，以供各类用户使用。

3. 生态遥感模型及监测数据产品业务化生产

生态遥感模型包括用于水环境遥感监测、环境空气遥感监测、生态环境遥感监测等工作所需的各种监测模型。该模型利用遥感技术对环境卫星数据进行处理分析，进而快速、动态、大范围地开展对各类环境要素的监测分析，既能达到与地面监测互补的效果，又能够完成一些地面监测无法实现的任务，真正实现"天地一体化"环境监测体系的目标。

生态遥感监测数据产品业务化生产是指对数据进行归纳总结、综合分析，同时由系统自动生成各类监测专题报告，形成监测过程—监测结果—监测报告的业务化系统流程。它第一时间使遥感监测结果达到可视化的效果，进一步体现遥感监测速度快、覆盖范围广、时间跨度大的特点。

（三）生态环境质量监测与评估业务化系统

系统面向国家、省和县级生态部门进行任务分工，包括三级软件系统，基于现有生态专网和 VPN 网络体系，利用计算机软件、数据库和地理信息系统等技术，实现数据整理、标准化录入、汇总审核、综合评价、报告自动生成、专题制图等功能。数据填报系统面向县级用户，以辅助完成县域基础数据的标准化整理、录入、质量检查及上报等工作。该系统的特色为软件中固化了经生态部认定的环境监测点位、污染源企业，非认定点位或企业的监测数据无法导入。技术审核系统面向省级用户，以辅助完成省内相关考核县域的数据汇总、质量审核和技术审核工作。综合评价系统针对国家级用户，由于该层次用户需求较多，且要考虑不同人员的需求，设计子系统来辅助完成全国考核省域的数据汇总、技术审核、评价分析、考核报告生成、专题图生成及成果发布等工作，分别为汇总审核子系统、评价子系统、成果发布子系统和安全管理子系统。县、省及国家级的数据经加密后通过专网或介质进行传输，以保证数据上报过程中的数据安全。

系统针对不同级别用户的技术水平现状和需求，采用不同的技术架构来实现其功能。县级和省级系统要求简单、方便、灵活、稳定，且数据量相对较小，对软、硬件要求低，其技术架构为单机版或网页版结构。将 Microsoft Access 作为数据库支撑软件，基于 Visual Studio 2010 的 C# 和 JSP 来开发实现。而国家级系统基于用户需求和数据量（当年及多年累积）的考虑，对软、硬件要求都较高。因此，国家级系统基于 GIS 技术，技术架构采用 C/S 和 B/S 结合的方式（成果发布系统采用 B/S 架构）；服务器端采用 Oracle 和 ArcSDE 来实现属性数据和空间数据的存储和管理；用户端基于 Visual Studio 2010 开发平台，结合 ArcGIS Engine 10.0 和 ArcGIS Server 10.0 完成 C/S 和 B/S 功能模块和应用系统的开发。

（四）生态环境数据中心系统

目前，现有的一些生态环境管理软件业务功能与数据库结构紧密关联，生态环境数据经常变更，而系统的某些功能在数据变更后就不能再使用了，需要修改或重新开发，耗费大量的人力财力；而且，这种软件会随着数据结构的变迁永无止境地升级，给系统开发和维护人员带来很大麻烦。因此，迫切需要建立一个数据逻辑模型，作为程序与数据库之间的沟通桥梁。数据逻辑模型用来表示数据的内容，由于数据的内容变化远远少于结构变化，所以数据逻辑模型的变更很少。程序访问的是数据逻辑模型，因而不需要总是随着数据库结构的变化而变化。数据中心的建设就是为此目的而开展的。

数据中心建设要求根据环保业务管理的特点，对环保数据进行建模，制定数据整合标准或规范、数据整合流程；提供数据整合平台，充分满足历史数据、现在数据和未来数据的整合需要；逐步实现数据与业务的无关性。

数据中心可以将生态环境各种业务数据、空间数据整合起来，实现数据的统一存储、备份／恢复、复制、数据迁移、归档、辅助决策分析、存储资源管理和服务级的数据管理；解决生态环境以前数据存储杂乱、数据冗余、数据管理工作繁复等问题；实现在网络环境下各主要业务系统的互联交换和资源共享。

1. 数据标准化建设的必要性

环保信息化是指利用计算机和网络技术，通过对信息资源的深度开发和广泛利用，不断提高生态环境保护的管理水平，提高相关决策的效率和质量。信息化中关键的问题就是对信息资源的开发和利用。所谓的信息资源，归根结底就是各类相关的"信息"——本质上就是数据，即有一定格式的、代表某些特殊意义的数据或数据集合。因此，生态环境信息化就是对生态环境数据集合进行数字化设计、实施、应用及管理。能否保证数据的规范化和标准化是企业信息化成败最为关键的因素。数据标准化工作是生态环境监测进行信息化建设最基础的工作，是信息化系统整体化和数据共享的基本保证。

计算机系统是一套数据处理系统，要应用计算机处理各项业务，被处理的数据必须标准化、规范化。没有标准化、规范化的数据，再多的投资都将付诸东流，业界流行的信息化"三分技术、七分管理、十二分数据"就是这个道理。只有实现数据的标准化和统一，业务流程才能通畅流转；只有实现数据的有效积累，决策才能有据可循；只有数据准确，才能保证系统的完善。数据标准化、规范化是实现信息集成和共享的前提，在此基础上才谈得上信息的准确、完整和及时。而数据标准化离不开业务模型的标准化、业务基础数据的标准化和文档的标准化，只有解决了这些方面的标准化，并实现信息资源的规范管理，才能从根本上消除生态环境监测各业务系统的"信息孤岛"。环保信息化的最大效益来自信息的最广泛共享、最快捷流通和对信息进行深层次的挖掘。因此，如何将分散、孤立的各类信息变成网络化的信息资源，将众多"孤岛式"的信息系统整合，实现信息的快捷流通和共享，是生态环境信息化过程中亟待解决的问题。

在生态环境监测信息化建设过程中，建设高质量的数据标准化体系，是开发信息资源、建立全面支持环保信息化运行的 IT 资源平台的基本工作。数据标准化体系的设计目标是构建规范、标准、可控、支持高效数据处理和深层次数据分析的数据结构，以及稳定、统一的数据应用体系和管理架构。

2. 数据标准化体系建设策略

数据标准化体系建设中，一方面采用自上而下的方式分析企业数据类别；另一方面，借助系统规划和业务流程优化思想，梳理部分业务流程，自下而上提取基础数据。在此基础上，提取并识别概念数据库、逻辑数据库、数据类、数据元素，建立数据模型，遵循关系数据库规范设计数据库结构，最终实现信息的全面性和数据的规范性。

目前，信息化过程中数据标准化建设策略有两种：全面标准化和渐进式标准化。在全面标准化策略下，首先实施独立的、全面的数据标准化项目，在整个生态环境监测范围内基本完成"信息资源规划"工作，建立长期稳定的主题数据库体系，而各子系统在上述稳定的"信息资源平台"基础上建设。在渐进式标准化策略下，首先建立数据标准化框架，配合试点子系统的运行，完成与试点子系统相关的业务数据以及部分管理数据的标准化工作。然后，在遵循统一原则的前提下，各子系统项目分别完成相关的数据标准化工作，并将标准化成果纳入生态环境监测数据资源平台中。

针对生态环境监测信息化的特点，数据标准化体系建设应采取渐进式的策略。数据标准化与信息化项目建设同步进行，在保证见效速度的同时坚持标准化原则，以支持环保信息资源的充分共享及各子系统的整合，实现"速度与标准并重"，同时确保数据标准化的实用性。数据共享标准必须制定一套合理和方便的共享接口标准及规范：接口的内容规范，接口的命名方法规范，接口的编码规范（包含了接口的数据类型编码规范等），接口分类标准，接口发布流程，接口访问流程，接口的认证规范，接口的授权访问规范，错误编码规范，空间数据元数据标准，空间数据改造方案。

3. 数据编码标准的建立

在环保信息化推进过程中，除了建立合理、完整的数据模型之外，数据编码这项基础工作也是非常复杂的。经验表明，一个生态环境应用信息化体系能否成功，只要了解其数据编码工作是否真正做好了即可。数据编码工作做好了，其他方面的问题就比较容易解决。

编码的分类与取值是否科学和合理直接关系到信息处理、检索和传输的自动化水平与效率，信息编码是否规范和标准影响和决定了信息的交流与共享等性能。因此，编码必须遵循科学性、系统性、可扩展性、兼容性和综合性等基本原则，从系统工程的角度出发，把局部问题放在系统整体中考虑，以达到全局优化的效果。应以遵循国际标准、国家标准、行业标准为原则，建立适合和满足生态环境监测管理需要的信息编码体系和标准。在编码过程中，要遵循以下原则：首先要树立生态环境监测一体化的思想，站在整个生态环境监测的角度进行编码；其次，同时考虑到现有需求和未来需求；第三，规范化编码。

4. 数据模型建设

数据模型包括逻辑模型和物理模型两个层面。

逻辑模型也称信息模型或概念模型。它按照用户的观点对数据和信息进行建模，通常用一些实体和关系来表示，不依赖于某一个数据库管理系统支持的数据模型。

物理模型是面向实际的数据库来实现的，表现为数据结构、数据操作和数据的约束条件。数据结构用于描述系统的静态特性，研究与数据类型、内容、性质有关的对象，如关系模型中的域、属性、关系等。数据操作主要有检索和更新两大类操作，数据模型必须定义这些操作的确切含义、操作符号、操作规则以及实现操作的语言。数据的约束条件是一组完整性规则的集合。完整性规则是给定的数据模型中数据及其联系所具有的制约和存储规则，用以限定符合数据模型的数据库状态以及状态的变化，以保证数据的正确、有效、相容。此外，数据模型还应该提供定义完整性约束条件的机制。

生态环境数据模型的建立步骤如下：从实际业务中抽取各类实体→定义各个实体自身的属性→定义各个实体之间关系，设计出实体 – 关系图（E-R图）→根据 E-R 图把逻辑模型转换为符合相关模型类型的物理模型→物理模型数据结构的建立→物理模型数据操作的定义→物理模型的完整性定义和检查。规划后的数据模型应该具有以下几个主要的特性。

（1）先进性：应该符合当前的技术标准。

（2）可扩展性：必须具有可扩展性，可根据企业的需要对模型进行扩展，支持企业的可持续发展。

（3）可靠性：必须准确可靠，能够保证基于这些数据模型的信息系统安全可靠地运行。

（4）一致性：在整个企业范围内完全一致，不能存在二义性。

5. 数据采集

通过对数据采集和利用的过程进行分析，确定如下数据流组织结构：整个系统以生态环境监测数据（生态环境质量数据、污染源数据、应急监测数据）采集为出发点，生态环境质量数据主要包括地表水监测数据、空气质量监测数据（含 VOC 特殊因子数据）、区域噪声监测数据，污染源数据包括各企业的污水排放监测数据、烟气排放监测数据、厂界噪声排放监测数据、核与辐射监测数据、视频图像监测数据以及道路交通污染数据。这些数据和生态环境管理信息系统包含的各类统计报表数据、文档数据最终组成生态环境监测信息并存放于生态环境监测大型数据库中。同时系统提供专门的数据调用接口，实现向省级生态环境监控信息系统的数据上传。系统的数据源及其传输方式见表 5.1。

表 5.1　数据源及传输方式

数据源	传输方式	频次
水质自动站	传感网	实时传输
空气质量自动站（含VOC）	传感网	实时传输
噪声监测点	传感网	实时传输
污染源监测点（含放射源）	传感网	实时传输
道路交通监测点	传感网	实时传输
移动（应急）监测点	传感网	设置
视频监测点	传感网	实时传输
手工录入数据	局域网/公网	定期
其他系统数据	局域网/公网	定时同步

6. 数据仓库

图 5.6 和图 5.7 分别为数据中心框架内容图和分层结构图。根据环保业务管理特点，数据中心主要分解为核心元数据仓库、配置数据仓库、业务数据仓库和空间数据仓库，分别用于存储元数据、配置信息、业务信息和空间地理信息。通过以上数据仓库之间的联系建立统一的存储机制，用元数据和配置的方式驱动各类业务应用系统，建立适应动态变化的数据集成框架，从而为上层应用系统提供稳定的数据服务。

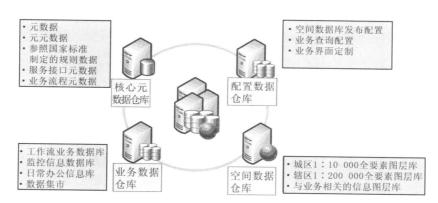

图 5.6　数据中心框架内容

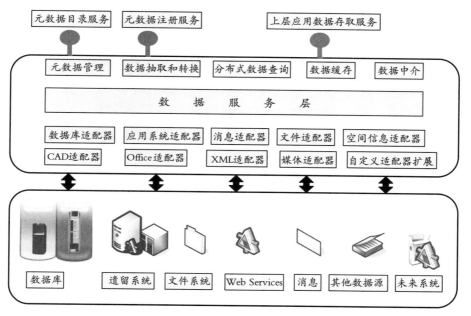

图 5.7　数据中心分层结构

（1）核心元数据仓库。在符合市环保行业业务数据标准的前提下，以核心元数据的模式，建立元数据仓库，包含元数据、元元数据、描述国家标准业务规则的数据、描述服务接口的数据、描述业务流程规则的数据、描述配置数据的数据，为系统业务驱动提供全面的数据资源。

（2）配置数据仓库。对业务信息的所有可配置信息进行存储，为业务系统面向数据中心提供的所有资源建立使用规则，并通过该规则选择和使用资源。配置数据仓库包括空间数据库发布配置、业务查询配置、业务界面定制、后台数据信息、工作流流程配置等。比如空间信息发布配置中的每个专题图，它记录着该专题包含空间数据中的哪些图层、图层的特性和符号等。应用系统仅通过选择使用某个专题图，就可获得空间信息服务。

（3）业务数据仓库。所有业务系统所需要的业务信息都在该类中进行存储，例如，以污染源、生态环境测点、建设项目为核心数据，扩展出在线监测、监控、视频数据和常规监测数据，监察管理数据、排污数据、生态环境统计数据、监控信息、日常办公信息以及通过各种方式建立的数据集市等。图 5.8 所示业务数据记录着所有系统所需的主要属性信息。

图 5.8　业务数据仓库

（4）空间数据仓库。主要以图层的形式存储所有空间信息，包括矢量和遥感信息，并以时间维为标签划分历史空间信息库。同时，空间数据仓库含有面向业务的空间信息图层库，为业务属性信息匹配空间位置形态信息，为系统提供直观的、图形化的业务信息表现。空间数据库的设计充分考虑空间数据的数据格式以及地图比例尺、地图投影、地理坐标系统等地图特殊因素，还考虑整个数据库的冗余度、一致性和完整性等问题。数据库中的空间数据是分层、分幅存储和管理的。空间数据仓库如图 5.9 所示。

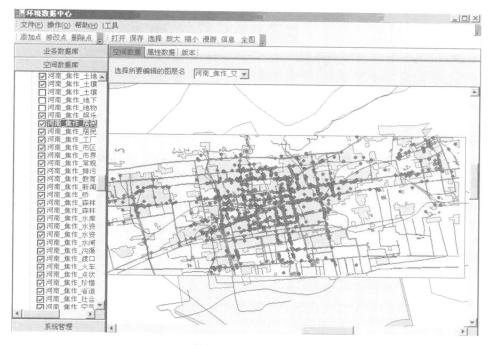

图 5.9　空间数据仓库

（5）数据分析与挖掘。通俗地讲，数据挖掘就是对海量数据进行精加工；严格地说，数据挖掘是一种技术，从大量的数据中抽取出潜在的、不为人知的有价值信息、模式和趋势，然后以易于理解的可视化形式表达出来。数据挖掘的目的是为了提高决策能力、检测异常模式、控制可预见风险、在经验模型基础上预言未来趋势等。数据挖掘技术在环保行业的应用正在日益深入和广泛。对海量生态环境监测数据的分析挖掘，对于评价生态环境状况，预测未来生态环境状况的变化趋势有重要作用。数据中心整合了生态环境在线监测数据，可以利用海量的在线监测数据对生态环境状况做分析、评价和预测。数据分析可以统计限定时间内生态环境质量数据的最大值、最小值、平均值、超标率等，并生成各种报表。

数据挖掘与传统的数据分析（如查询、报表、联机应用分析）的本质区别在于，数据挖掘是在没有明确假设的前提下去挖掘信息、发现知识。数据中心系统集成先进的数据挖掘工具，采用人工神经网络、决策树、遗传算法、近邻算法等挖掘技术，计算出生态环境状况变化趋势。

（6）数据校验。数据校验又称数据验证，是保证数据一致性、完整性的必要手段。它贯穿整个系统，对入库的所有信息进行严格的审核，如果信息不符合要求或无法判定时，均不得入库，从而保证数据的安全。它通过一定的验证规则对数据进行验证，如果有数据冲突，则会向用户提示，确保数据的一致性和正确性。验证规则可以根据需要自定义。验证采用触发模式，一旦数据库监测到有数据要求入库，随即对数据进行校验，确保校验的实时性。本平台的主要目标是实现生态环境部门之间数据的安全可靠交换和共享，避免数据重复采集，保持各部门基础数据的一致；实现数据的即时整合，并对全局数据进行灵活的多维分析和多样化展示，为管理层监控和决策提供有效支持。

该平台主要包括可扩展的数据交换平台、统一的应用平台。数据交换平台可以快捷、便利地整合政府各个部门的业务系统，如财政、地税、国税、经贸、工商、统计等系统。统一的应用平台基于 J2EE 或 DotNet 的多层 B/S 架构，并集成了报表和数据分析服务，为辅助决策系统的开发、运行和管理提供了经济、可靠和高性能的基础设施。该平台建设能更有效地为生态环境的宏观决策提供翔实的数据和可靠的依据。

（7）数据交换。该模块提供一个与其他数据库转换的接口，实现与其他类型数据的交换，提高系统的灵活性。该模块支持多种数据库引擎，包括 DBF、DB、Access、SqlServer、Oracle 等，将其转换为数据中心系统使用的一种通用数据格式，使数据在两种格式间相互转换。它可以在列和列之间拷贝、移动数据，也可以完成复杂的传输、查找，并能够处理数据移动过程中出现的异常。

六、系统应用及展望

　　智能生态环境监测系统已经成功应用于国家重点生态功能区转移支付政策的生态环境保护绩效评估专项工作，用于评估中央财政对国家重点生态功能区县域的转移支付资金的使用效果。评价结果作为中央财政转移支付资金调节的依据。该项工作使得国家重点生态功能区的县级人民政府充分认识到自身承担的责任和义务，督促其采取积极措施来加强生态环境保护和治理工作；同时使其认识到生态环境就是生产力，保护和改善生态环境就是发展生产力。

第6章

i City 我国智能城市环境建设示例

一、北京市环境遥感监测体系

（一）城市中的生态环境问题

城市是一定地域的政治、经济和文化中心，是人类社会发展到一定阶段的产物。城市的发展，一方面为人类的生产生活带来了极大的便利，造就了现代社会文明和经济繁荣；另一方面在人类与自然之间的博弈过程中，原有的自然环境也发生着改变，使城市成为生态环境破坏和污染较为集中的地区（Sifakis等，1998）。城市化带来的生态环境问题主要体现在四个方面。一是城市土地的扩张使生态用地的规模、布局和结构发生了改变，如美国、英国、韩国、德国在城市发展的过程中耕地都有不同程度的减少（谈明洪，吕昌河，2005）；1989—2003年，深圳市有林地占林地面积的比例从72.6%下降到49.8%（张林波等，2008）。二是城市化减少了中心城区的生物多样性，增加了外来物种入侵的概率。三是城市地表覆盖被水泥、柏油、建筑物所取代，减弱了地面的吸热能力，增强了地面的增温效应；同时城市能源的消耗，加速了城市升温过程，形成了所谓城市"热岛"效应，这种效应将对自然生态系统和人类本身造成不良影响（秦岩，1999）。四是城市是工业企业和人口密集聚集地，每天产生大量的废水、工业废气、汽车尾气和生活垃圾，直接或间接地对人居生态环境造成污染（金贤锋等，2009; 来雪慧等，2009）。

我国目前正处于城市快速发展的关键时期，人地矛盾、城市环境污染、大气污染、水资源匮乏、生物多样性丧失等一系列问题依然突出，如何采取合理有效的措施对城市环境进行监测和治理并实现城市的可持续发展，成为当前我国环境保护工作亟待解决的重点问题之一。本研究以北京市2007年及以前的数据为基础，分析其生态环境问题。

155

（二）典型区选择与城市环境遥感监测指标体系

北京市是我国的政治文化中心、国际交流中心和知识经济发展的重要基地。北京市自 1978 年以来发展速度很快，不仅表现在城市规模、交通网络以及基础设施的建设上，还表现在人们的生活水平、城市的国际地位等各个方面。由于快速的城市化发展，北京市的城市环境污染、生态质量等是当今政策部门、国内外关注的重要问题。

利用遥感卫星各传感器的光谱特征和地物反射特征，反映城市生态环境问题，提出改善城市生态环境问题的措施，是城市环境遥感监测的研究核心。北京市生态环境遥感监测指标体系以潜在的城市生态环境问题为基准，结合当前城市环境遥感的热点和前沿，如表 6.1 所示。

表 6.1　北京市生态环境遥感监测指标体系

城市环境要素	潜在的城市生态环境问题	遥感监测指标	说　明
城市土地	城市建设用地的扩张使生态用地的规模、布局和结构发生了改变	城市土地利用/覆盖及其变化	基于遥感数据，提取建设用地、林地、耕地、公共绿地、水体湿地空间信息，总结各土地利用/覆盖面积、结构比例及其变化情况
		城市土地景观格局及其变化	分析计算建设用地、林地、耕地、公共绿地、水体湿地景观破碎度指数、景观连通性及其变化
城市气温	城市热岛效应	城市与郊区的温差及其变化	基于遥感数据，提取城市与郊区温度差阈值，构建城市发展与温度差阈值之间的关系
		城市热岛总面积及其变化	设定温度差阈值，提取城市热岛范围，构建城市扩张与热岛范围之间的关系
		城市热岛分布及其变化	按温度高低，划分城市高温区、中温区、低温区，总结分区年际变化
城市水体	城市水体污染	城市水体水质及其变化	基于遥感数据，对城市水体按水质情况进行分级，总结水质年际变化
城市大气	城市大气污染	大气气溶胶光学厚度及其空间分布	通过大气散射模型或者大气校正模型，反演城市大气气溶胶光学厚度，以此间接反映大气污染物空间分布特征及其迁移转化趋势

（三）北京市土地利用与格局变化遥感监测

1. 数据源

选择 4 景 1979 年以来美国陆地资源卫星无云数据作为主要数据源，MSS 轨道号为 133/32，TM 轨道号为 123/32。影像时相分别为 1979 年 5 月 21 日（MSS）、1989 年 4 月 25 日（TM）、1995 年 4 月 9 日（TM）和 2007 年 5 月 28 日（TM）。

2. 技术路线与方法

北京市土地利用遥感监测技术路线如图 6.1 所示，其研究思路大致分为如下阶段：①数据预处理，包括几何精校正、大气辐射校正、波段融合、波段比值等；②土地利用信息提取，提取方法包括监督分类、目视解译、实地校正等；③根据土地利用提取结果开展城市土地空间规模与布局评价。下面分阶段阐述北京市土地利用遥感监测具体的研究方法。

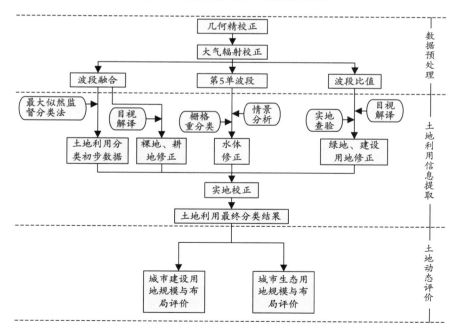

图 6.1　北京市土地利用遥感监测技术路线

（1）数据预处理

几何精校正：利用不同时相的遥感数据监测城市土地的动态变化，取决于遥感数据的高精度几何配准。例如，运用 ERDAS 软件，采用 1:50 000 地形图进行几何精校正，校正步骤如图 6.2 所示。首先参考 1:50 000 数字栅格地图（Digital Raster Graphic, DRG），根据多项式模型选择地面控制点，并将所选的地面控制点和参考点存为 GCC（GNU Compiler Collection）文件。将遥感数据、控制点文件、1:50 000 DEM（Digital Elevation Model）导入Landsat 几何校正模型中，待校正控制点选择完毕后，采用双线性插值法对图像进行重采样，设置输出文件，并设置输出分辨率为 30 m。校正后的不同时相的 TM 遥感影像数据的几何误差约为一个像元，可保证本次试验的进行。

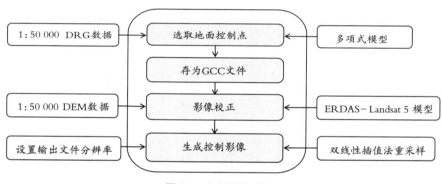

图 6.2　几何精校正流程

大气辐射校正：可分为两种情况，①不同年度遥感数据的大气辐射校正（纵向校正）；②同一年度同一数据中不同像元大气辐射校正（横向校正）。本项研究基于同一遥感影像图上不同土地利用之间的分类，因此属于第二种情况。如果将所有像元按受散射影响较小像元的大气辐射影像误差进行校正，则可获取本次研究所需要的结果。由于大气散射影响主要发生在短波段图像（可见光遥感中以蓝、绿波段最甚），随波长增长，散射作用逐渐减弱，因此可以把红外图像当作无散射影响的标准图像，将其他波段图像与之相比较，其差值便是需校正的散射辐射值。研究中以 TM 第 7 红外波段影像作为无散射影响的标准图像，在待进行大气散射校正的可见光波段图像上找出最黑的影像，如高山阴影或其他暗黑色地物目标，然后把对应的红外波段图像的同一地物目标找出来，分别取出两者的灰度值数据进行比较分析。通过选取一定量的离散点灰度值，可以拟合其回归直线，即

$$Y = a + bx$$

以最小二乘法做直线拟合分析可得到常数 a 和 b :

$$b = \sum_{i=1}^{n} [(x_i - \bar{x})(y_i - \bar{y})] / \sum_{i=1}^{n} (x_i - \bar{x})$$
$$a = y - bx$$

式中，n 是地物目标像元点数，x 和 y 是标准图像和待校正图像上所选取的地物目标像元灰度平均值。求出 a、b 后，回归方程式也就确定了，即可通过减去常数 a 得出消去散射影响的校正影像。

波段融合：Landsat TM 5、4、3 波段组合配以红、绿、蓝色生成假彩色合成图像。这种组合的合成图像不仅类似于自然色，较为符合人们的视觉习惯（水体为蓝色、林地为绿色），而且由于信息量丰富，能充分显示各种第 5 影像特征的差别。对于城市监测而言，这种组合有利于城镇用地、农业用地、林地、水体等地物的区分，有利于陆地、水体边界的确定。在图像的监督分类过程中，这种组合有利于训练场地的选取，提高土地覆盖自动识别技术，增强分类的准确性。另外 TM 4、3、2，MSS 5、4、6 波段组合配以红、绿、蓝色生成假彩色图像，也常用于植被、农作物、土地利用和湿地方面的研究。本项研究将各年份的 MSS 5、4、6 波段组合，TM 5、4、3 波段组合，TM 4、3、2 波段组合作为土地监督分类的数据源。

（2）土地利用信息提取

信息提取范围与土地分类：本项研究以北京市五环路为城市土地利用信息提取范围。土地分类按照广义概念进行划分，划分标准见表 6.2。

土地利用信息提取方法：Landsat TM 共有 7 个波段，MSS 共有 4 个波段，不同地物对不同波段存在不同的响应。某些地物在特定的波段上响应明显，利于空间信息的提取，而某些地物在所有波段上响应都不是很明显，此时就

不利于空间信息的提取。通过 TM 数据的观察试验发现，水体在第 5 波段的响应明显，因此可利用第 5 波段数据直接提取水体。而其他土地利用信息提取则可采用监督分类法、植被指数分类法、目视解译法等。本研究在 Erdas Imagine 9.1 平台支持下，利用 TM 5、4、3，MSS 5、4、6 波段融合数据，采用最大似然监督分类法，获得初步的北京市土地利用分类数据。

表 6.2　北京市五环内土地分类标准

土地大类	小　类	说　　明
建设用地	建筑用地、道路、广场等	—
生态用地	耕地	从事农业生产，且边界比较规整的区域
	绿地	公共绿地、城市绿化地、林地、荒草地
	水域	河流、坑塘、景观娱乐水体等
裸地	—	无植被的未被城市建筑、道路、广场等覆盖的区域

（3）北京市土地空间规模与布局评价

城市化的土地矛盾主要是城市建设用地和城市生态用地之间的博弈，因此本次研究以建设用地和生态用地两大类土地为研究对象，利用多年土地利用信息提取结果，对其规模和空间分布特征进行动态评估。

3. 结果分析

（1）北京城市建设用地规模与格局变化

基于 MSS 和 TM 的北京市五环内土地利用信息提取结果见表 6.3。从表中可以看出，北京市城市建设用地逐年增加，使得生态用地的规模逐年减小。北京市五环内城市建设用地从 1979 年的 179.4 km² 增加到 2007 年的 560.7 km²，平均每年增加 13.6 km²，28 年间相当于新建了两个北京城。从增长的速度看，改革开放的头 10 年间，城市建设用地增长较快，达到 12.7 km²/a；1989—1995 年城市建设用地增长稍微放缓，为 11.5 km²/a；1995—2007 年城市建设用地得到迅猛发展，年均增长达到 15.4 km²。

表 6.3 北京市五环内土地利用统计

年份	建设用地 /km²	生态用地 /km²	裸地 /km²	年 份	年际变化 /km²/a
1979	179.4	472.6	15.2	—	—
1989	306.7	352.3	8.2	1979—1989	12.72591
1995	375.5	285.2	6.4	1989—1995	11.47575
2007	560.7	104.0	2.4	1995—2007	15.43635

从增长的分布格局来看，北京市建设用地空间增长呈现为以北京故宫为中心，呈"圆饼式"环形向外扩展态势（见图6.3）。在1979年，二环构成了北京市中心城区范围，二环至三环为城乡接合部。在接下来的10年间，二环南部发展较为缓慢，但西部、东部长安街沿线以及北部区域得到迅猛发展，部分建城区扩展到四环，到1989年北京市建设用地呈现以三环为中心城区，三环至四环为城乡接合部的空间分布特征。1989年至1995年间，二环东部继续扩张，同时东南方向也得到快速发展，部分区域扩展到五环。在随后的十几年间，北京市西部、南部、西北、西南等方向得到均衡发展，到2007年为止形成以二、三、四、五环为城市中心城区，五环至六环为城乡接合部的北京市城区空间分布特征。

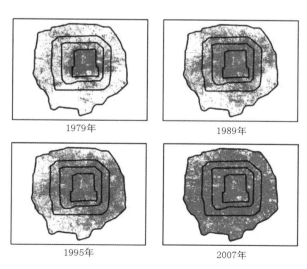

1979年　　　　　　　　　　1989年

1995年　　　　　　　　　　2007年

图 6.3 1979——2007 年北京市建设用地扩张态势

（2）北京市生态用地规模与布局变化

1979—2007 年，北京市五环内生态用地各组成信息提取结果见表6.4。从表中可以看出，从 1979 年至 2007 年，北京市五环内耕地、水体在不断地减少，耕地减少的幅度最大。28 年间，耕地减少了 391.3 km²，减少比例为 95.2%。耕地占五环总面积的百分比从 1979 年的 61.6% 下降到 2007 年的 3.0%。值得注意的是，绿地的面积呈逐渐增加的趋势，这主要源于城市建设扩建带来的城市公共绿地的增加。

表6.4　北京市五环内生态用地组分统计表

年份	绿地/km²	耕地/km²	水体/km²	合计/km²
1979	42.3	411.1	19.2	472.6
1989	50.2	286.0	16.1	352.3
1995	59.3	210.5	15.4	285.2
2007	72.5	19.8	11.8	104.0

（四）北京市水体污染遥感监测

1. 数据源

波谱测量结果表明，清水反射率高峰波长范围为 0.43~0.64 μm，浑水反射率高峰波长范围为 0.58~0.79 μm（侯鹏等，2003），由此可见 TM 影像 1 至 4 波段对水质比较敏感（邓良基，2002）。本试验选择 2007 年 5 月 28 日 TM 数据作为北京市区水体监测的数据源，利用 TM 影像的 3、4 波段来分析北京市区水质（王学军，马廷，2000; 王爱华等，2008）。

2. 技术理论与方法

本研究利用比值植被指数来监测和划分水体污染程度，划分的标准见表 6.5（王爱华等，2008）。

3. 结果分析

北京市六环内水质监测结果见表 6.6 和表 6.7。从表中可以看出，2007 年 5 月 25 日，北京市六环内各地表水水体的水质以轻污染和无污染为主，两者合计约占地表水总面积的 89.0%；中等污染和重污染水体仅占六环内地表水总面积的 11.0%。六环内景观娱乐用水基本无污染或很轻微污染。大部分小的流动性的河流受到轻度污染。中度污染和重度污染水体主要分布在五环至六环之间，且主要是一些非流动性的坑塘。

表6.5　基于 TM 水体污染程度划分标准

污染水体等级	划分标准	备　注
无或非常轻污染水体	$RVI \leqslant M-D$	
轻污染水体	$M-D < RVI \leqslant M$	RVI为比值植被指数
中等污染水体	$M < RVI \leqslant M+D$	$RVI=TM\,4/TM\,3$
重污染水体	$RVI > M+D$	M为比值植被指数平均值，D代表标准方差

表6.6　2007 年 5 月 25 日北京市水质监测统计表

污染水体等级	面积 / km^2	比例 / %
无或非常轻污染水体	15.98	17.37
轻污染水体	65.89	71.61
中等污染水体	8.70	9.46
重污染水体	1.44	1.57

表6.7　北京市六环内主要地表水水质监测结果

水体名称	水质监测结果	2007年5月公布水质
沙河水库	无污染	—
高碑店水库	无污染	—
昆明湖	无污染	Ⅲ
未名湖	非常轻污染	—
玉渊潭	无污染	Ⅳ
北海、南海、后海	无污染	Ⅲ~Ⅳ
紫竹院湖	无污染，部分非常轻污染	Ⅲ
莲花池	无污染	Ⅴ
圆明园湖	非常轻污染	Ⅲ
龙潭湖	非常轻污染	劣Ⅴ3
朝阳公园湖	无污染，部分非常轻污染	Ⅴ
红领巾湖	非常轻污染	Ⅴ
青年湖	非常轻污染	Ⅴ
团结湖	轻污染	Ⅱ
温榆河	轻污染	劣Ⅴ4
昆玉河	轻污染	Ⅲ

续 表

水体名称	水质监测结果	2007年5月公布水质
凉水河	轻污染	劣Ⅴ3
小月河	轻污染	无水
玉带河	轻污染，部分中度污染	劣Ⅴ4
萧太后河	轻污染	劣Ⅴ3
通惠河	非常轻污染	劣Ⅴ3~劣Ⅴ4
护城河	轻污染	Ⅴ~劣Ⅴ2

综上所述，北京市水质遥感监测结果表明，六环内北京市地表水水质总体比较良好。但局部坑塘污染比较严重，对周围居民生活环境产生了不良影响，要注意对非流动性坑塘的治理。

(五)北京市大气污染遥感监测

1. 数据源

本文采用 2003 年 5 月 25 日的 Landsat 7 ETM 影像作为北京市大气污染遥感监测数据源。其基本参数如下：

开始时间（UTC 时间）：2003-05-25，05:10:21；

太阳方位角：129.450 439 5°；

太阳高度角：62.966 072 1°；

中心纬度：40.315 20°N；

中心经度：116.628 00°E。

根据天气历史记录查得：数据接收时间段内，北京市天气晴朗，气温为 30°C，湿度为 45%，能见度为 6 km，偏南风，风速为 5~6 m/s。

2. 技术理论与方法

（1）基本理论

气溶胶是大气污染遥感监测的重要指示因子，它是指悬浮在地球大气中，具有一定稳定性，沉降速度小，尺度范围在 10^{-3} μm 到 10^2 μm 之间的分子团、液态或固态粒子所组成的混合物。大气气溶胶粒子不仅使大气能见度降低，还对太阳光的散射、太阳光辐射的减弱、大气温度的变化、大气污染的形成等物理过程有影响，而且由于其粒径小、表面积大，为大气环境化学提供了反应床，从而影响大气的种种化学作用。气溶胶表面的化学反应不但影响大气微量气体的生成、消失或转化，而且影响温室气体的变化，因此可反映局部大气环境质量。高分辨率的卫星影像不仅包含土地覆盖和植被等环境信息，而且还包含很丰富的对流层大气污染信息。气溶胶光学厚度 AOT（Aerosol Optical Thickness）可作为城市大气污染密度和空间反应的指示因子。

本研究用 ENVI-FLAASH 模块来定量反演北京市大气气溶胶光学厚度空间分布。FLAASH 是 ENVI 中的大气校正模块，其理论为应用 MODTRAN 4 辐射传输模型有效地去除水蒸气或气溶胶散射效应。本研究将 ENVI-FLAASH 模块校正后的数据作为参考影像，将原始影像作为评价影像，通过对比两个影像反射率标准方差来评估北京市大气气溶胶光学厚度及其空间分布特征。

（2）基于 ENVI-FLAASH 模型的气溶胶反演思路与方法

基于 ENVI-FLAASH 模型的气溶胶反演技术路线如图 6.4 所示。

第 1 步：计算 ETM 1、2、3、4、5、7 波段传感器光谱辐射值。

$$L_i = \frac{L_{\max} - L_{\min}}{255} \times DN + L_{\min}$$

式中，L_i 为传感器光谱辐射值，单位为 $\mathrm{mW/(cm^2 \cdot ster \cdot \mu m)}$；$L_{\max}$ 为第 i 波段可探得的最高辐射值，单位为 $\mathrm{mW/(cm^2 \cdot ster \cdot \mu m)}$；$L_{\min}$ 为第 i 波段可探得的最低辐射值，单位为 $\mathrm{mW/(cm^2 \cdot ster \cdot \mu m)}$；$DN$ 为第 i 波段像素值。

$L_{\max}$ 和 $L_{\min}$ 数值可通过 TM 的头文件获取或者从元数据 MTL 文件中获取。ENVI 系统中的 Calibration Utilities 可直接将 ETM 的 DN 值转换为辐射亮度值。

第 2 步：波段融合与格式转换。将 ETM 1、2、3、4、5、7 波段的辐射亮度值，融合为一个包含多波段的单一文件。由于 ENVI-FLAASH 模块要求输入的数据格式为 BIL 或者 BIP，因此需将融合的多波段 BSQ 文件转换为 BIL 或者 BIP 文件。另外由于 ENVI-FLAASH 模块输入文件要求具有波长信

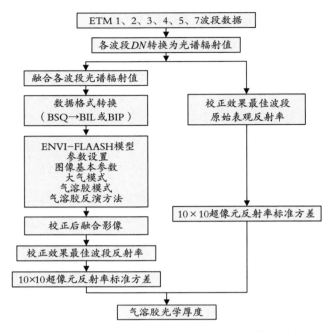

图 6.4　基于 ENVI-FLAASH 模型的气溶胶反演技术路线

息，因此需对转换后形成的 BIL 或者 BIP 文件进行头文件的编辑。

第 3 步：ENVI-FLAASH 模型参数设置。FLAASH 模型需要设置以下参数：卫星过境时间（年、月、日和格林尼治时间）、中心经纬度、传感器高度、地面高程、太阳方位角。这些参数可通过头文件得到。

另外，FLAASH 模型需要选择大气模式、气溶胶模式以及气溶胶反演方法。FLAASH 模型提供了 6 种大气模式，分别是 Sub-Arctic Winter（SAW）、Mid-Latitude Winter（MLW）、U.S. Standard（US）、Sub-Arctic Summer（SAS）、Mid-Latitude Summer（MLS）、Tropical（T）。可根据纬度和成像季节，对照表 6.8 查找对应的大气模型。对于北京地区 5 月份来说，应选择 SAS 模式。

表 6.8　FLAASH 大气模式选择对照表

纬度 /°N	1 月	3 月	5 月	7 月	9 月	11 月
80	SAW	SAW	SAW	MLW	MLW	SAW
70	SAW	SAW	MLW	MLW	MLW	SAW
60	MLW	MLW	MLW	SAS	SAS	MLW
50	MLW	MLW	SAS	SAS	SAS	SAS

纬度 /°N	1月	3月	5月	7月	9月	11月
40	SAS	SAS	SAS	MLS	MLS	SAS
30	MLS	MLS	MLS	T	T	MLS
20	T	T	T	T	T	T
10	T	T	T	T	T	T
0	T	T	T	T	T	T
−10	T	T	T	T	T	T
−20	T	T	T	MLS	MLS	T
−30	MLS	MLS	MLS	MLS	MLS	MLS
−40	SAS	SAS	SAS	SAS	SAS	SAS
−50	SAS	SAS	SAS	MLW	MLW	SAS
−60	MLW	MLW	MLW	MLW	MLW	MLW
−70	MLW	MLW	MLW	MLW	MLW	MLW
−80	MLW	MLW	MLW	SAW	MLW	MLW

FLAASH 模型提供了 4 种标准 MODTRAN 气溶胶模型：Rural（乡村）、Urban（城市）、Maritime（海洋）、Tropospheric（对流层，能见度在 40 km 以上）。根据要反演的气溶胶对象选择相应的模式。本研究选择城市模式。

第 4 步：计算原始影像第 1 波段的表观反射率。

$$\rho = \frac{\pi \times d^2 \times L_i}{ESUNI \times \cos^2\theta}$$

式中，ρ 为表观反射率；L_i 为某波段的传感器的光谱辐射值；$ESUNI$ 为大气顶层的太阳平均光谱辐射，即大气顶层太阳辐射照度，太阳辐射照度可从遥感权威单位定期测定并公布的信息中获取（见表 6.9）；θ 为太阳天顶角（单位为弧度），太阳天顶角 =90° − 太阳高度角，太阳高度角可以从遥感数据的头文件中获得；d 为日地天文单位距离，计算公式为

$$d = 1 - 0.016\,74\cos\frac{0.985\,6 \times \pi \times (JD - 4)}{180}$$

式中，JD 为遥感成像的儒略日（Julian Day）。公历与儒略日的换算公式为 $JD = \text{int}[365.25 \times (Y + 4\,716)] + \text{int}[30.600\,1 \times (M+1)] + D + B - 1\,524.5$。$Y$ 代表年份，M 代表月份，D 代表日期。若 $M > 2$，Y 和 M 不变；若 $M=1$ 或

2，则以 $M+12$ 代替 M，以 $Y-1$ 代替 Y。对于格里高利历有 $A=\text{int}\,(Y/100)$，$B=2-A+\text{int}\,(A/4)$。对于儒略历，$B=0$。

表6.9　太阳辐射照度查询表

波段	TM 1	TM 2	TM 3	TM 4	TM 5	TM 7
Landsat 5 TM	1 957	1 829	1 557	1 047	219.3	74.52
Landsat 7 TM	1 969	1 840	1 551	1 044	225.7	82.07

第5步：气溶胶光学厚度反演。分别计算校正效果最好的某波段原始影像反射率和校正后反射率的标准偏差。两个影像气溶胶光学厚度差与反射率标准方差存在如下关系（Sifakis 等，1998; 王耀庭等，2005）：

$$\Delta\tau = \tau_2 - \tau_1 = \cos\theta \times \ln[\frac{\sigma_1(\rho)}{\sigma_2(\rho)}]$$

式中，$\Delta\tau$ 为两幅影像的气溶胶光学厚度差；τ_1 为校正后影像的气溶胶光学厚度；τ_2 为原始影像的气溶胶光学厚度；θ 为影像的卫星观测角；$\sigma_1(\rho)$ 为校正后影像单元的地表反射率标准方差；$\sigma_2(\rho)$ 为原始影像单元的表观反射率标准方差。

校正后的数据为去除了气溶胶的影像，因此校正后影像的气溶胶光学厚度可假设为 0，即 $\tau_1 = 0$，由此可知原始影像的气溶胶光学厚度：

$$\Delta\tau = \tau_2 = \cos\theta \times \ln[\frac{\sigma_1(\rho)}{\sigma_2(\rho)}]$$

为了计算反射率的标准方差，需要将影像划分为 10×10 像元大小。这样的"超像元"具有以下特点：地面上的超像元光谱响应随空间变化，但不随时间发生变化；在超像元内，大气组成可以认为随时间变化，而不随空间发生变化。因此 $\sigma(\rho)$ 可以认为是由地面光谱变化造成的。此外，超像元足以包含地面上大量的可见建筑物，可同时兼顾超像元内部气体的各向同性特征。

3.结果分析

（1）FLAASH 大气校正前后效果对比

本研究以 2003 年 5 月 25 日 ETM 影像为例，校正前后的对比效果见表

6.10。从表中可以看出，经 FLAASH 大气校正去除大气气溶胶散射后的影中地物轮廓更加清晰。通过 ETM 1、2、3、4、5、7 波段对比发现，第 1 波段大气校正效果最好，因此第 1 波段校正前后的反射率为反演大气气溶胶最理想的数据。

表 6.10　2003 年 5 月 25 日 ETM 影像 FLAASH 大气校正前后的对比效果

校正前	校正后	波段
		ETM 1
		ETM 2
		ETM 3
		ETM 4
		ETM 5

续 表

校正前	校正后	波段
		ETM 7
		第5、4、3波段
		第3、2、1波段

（2）大气气溶胶反演结果

根据 Landsat7 ETM 第 1 波段（蓝光波段）数据，反演得到的 2003 年 5 月 25 日北京地区气溶胶光学厚度空间分布图。图 6.5 为气溶胶光学厚度反演结果的直方图分布，从图中可以看出当日的气溶胶光学厚度出现频度最高的值是 0.82，主体范围为 0.6~1.0。

光学厚度大小在空间上的差异对应着低对流层气溶胶浓度水平在空间上的差异，光学厚度值高的地方，说明气溶胶浓度较大，相应的污染也比较重。从图 6.5 中可以看出 2003 年 5 月 25 日北京市气溶胶光学厚度在空间上大体的分布情况：主城区气溶胶光学厚度大于郊区，平原气溶胶光学厚度大于山区。主城区的气溶胶光学厚度主要范围是 0.7~1.2，昌平区南部和海淀区西北部气溶胶光学厚度比主城区其余地方相对要高，为 1.0~1.2，其余区域的光学厚度主要范围为 0.0~0.7。分区统计结果表明，各行政区气溶胶光学厚度

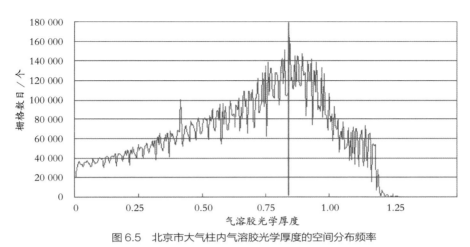

图 6.5　北京市大气柱内气溶胶光学厚度的空间分布频率

平均值排序为海淀（0.919）＞宣武（0.885）＞朝阳（0.878）＞东城（0.875）＞西城（0.860）＞丰台（0.846）＞石景山（0.840）＞崇文（0.832）＞顺义（0.813）＞昌平（0.753）＞通州（0.752）＞大兴（0.695）＞平谷（0.646）＞怀柔（0.543）＞密云（0.541）＞房山（0.486）＞延庆（0.461）＞门头沟（0.393）。城 8 区气溶胶光学厚度平均值要显著高于市郊区，怀柔、密云、房山、延庆、门头沟这些山体较多的地方空气质量较好。

　　根据天气记录显示，影像成像时间内为东南偏东风，风速为 14 km/h。由此可知，城区大气污染物有从东往西，或者从东南往西北转移的趋势。气溶胶光学厚度的反演结果表明，城区西北角（海淀西北、昌平南部）大气气溶胶光学厚度较大，说明这一区域空气污染较为严重，这一结果与污染物的转移趋势是一致的。

二、三峡库区水环境风险评估与预警平台

　　近年来，中国突发性水污染事故进入高发期。水污染事故直接影响到饮用水安全和水生态系统健康，还造成了直接或间接的经济损失。科学应对水污染事故一方面能最大限度减少对环境的影响，同时还能降低水污染事故造

171

成的经济损失。为了及时、合理地处置可能发生的各类重大、特大水环境高污染事故，维护社会稳定，保障公众生命健康和财产安全，重庆市在水专项以及当地政府资金支持下，在系统分析我国突发性水污染事故的发生规律、应急处置技术的发展趋势等相关问题的基础上，通过整合原有环境信息系统，结合物联网、云计算的前沿技术，确定三峡库区水环境风险评估和预警平台的开发基于 B/S+C/S 技术架构，建立基础空间信息、环境质量、风险源、敏感目标、模型参数和决策支持的基础数据库，采用标准的 Web Service 接口与已有的基础地理空间、水质自动监测和污染源在线监测子系统数据服务集成调用，水质模型集成采用松耦合的集成调用方式，最终全面整合升级了污染源监督性监测、水环境质量例行监测网络，构建了包括全面耦合污染源与敏感目标的环境信息综合查询系统、水环境监控信息集成系统、水污染事故环境影响快速模拟系统、水环境风险评估与水污染事故应急处理处置系统、水环境信息发布系统的三峡库区水环境风险评估与预警平台，初步实现了应急接警、事故甄别、启动预案、应急指挥、信息发布等功能的智能化。

突发性水污染事故主要是指由事故引起的，短时间内大量污染物进入水体，导致水质迅速恶化，影响水资源的有效利用，严重影响经济、社会的正常活动和破坏水生态环境的事故。它包括间歇性污染和瞬时污染两种形式。间歇性污染多由自然因素导致，通常表现为原水水质的突然恶化，并将持续一段时间；瞬时污染具有很强的随机性和多样性，表现为短时间内污染物的大量排放，破坏性极强。

突发性水污染事故具有不确定性、危害紧急性、需快速有效响应性等特点，可能在短时间内迅速影响供水系统，导致停水事件，并经由蔓延、转化、耦合等机理严重影响到城市生态系统，进而引发复杂的社会问题，成为威胁饮用水水源地安全的首要因素。据统计，2006—2011 年环境保护部调度处理的水污染事故有 397 起，其中重大及以上突发水污染事故共有 46 起，如图 6.6 所示。

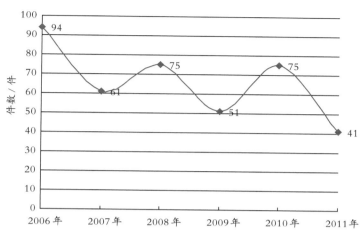

图 6.6　2006—2011 年环境保护部调度处理的水污染事故数量变化

（一）突发性水污染事故特征分析

1. 突发性水污染事故的特征污染物种类分析

据统计，引起水污染事故的污染物绝大多数为化学污染物，按其性质，可分为非金属有毒类、重金属、放射性物质、酸碱盐类、致色物质、致臭物质、植物营养物质、需氧有机物、易分解有机毒类、难分解有机毒物、油类等 11 类。其中，突发性水污染事故的污染物种类多集中为非金属有毒类、有机有毒类、酸碱类、重金属、需氧有机物、油类等化学物质。2006—2011 年，引起重大水污染事故的污染物如表 6.11 和图 6.7 所示。

表 6.11　引起水污染事故的特征污染物及排放方式

序号	时间	事件名称	特征污染物	排放特征
1	2006-01-05	河南巩义二电厂柴油罐柴油泄漏事故	石油类	瞬时
2	2006-01-07	湖南省湘江株洲至长沙段镉超标事件	镉	间歇
3	2006-02-20	渝涪高速公路长寿段发生翻车导致苯胺泄漏事件	苯胺	瞬时
4	2006-03-22	山东省长岛海域油污染事件	石油类	连续
5	2006-04-11	内蒙古自治区乌拉特前旗污水蓄存池溃坝事件	COD	瞬时
6	2006-05-01	陕西省商洛市镇安县米粮金矿尾矿发生溃坝事件	氰化物	瞬时
7	2006-06-12	山西省繁峙县神堂堡乡大寨口村附近因交通事故导致煤焦油泄漏事件	煤焦油	瞬时

续 表

序号	时间	事件名称	特征污染物	排放特征
8	2006-08-22	吉林省吉林市牤牛河水污染事故	N，N-二甲基苯胺	瞬时
9	2006-09-12	湖南省岳阳县饮用水砷含量超标事件	砷	间歇
10	2006-09-30	广西柳州市融安县长安锌品厂排污造成饮用水中断事件	铅、锌、锰	间歇
11	2006-10-26	山西省昔阳县境内发生交通事故导致洗油泄漏污染水库事件	洗油	瞬时
12	2006-11-15	四川省泸州电厂柴油泄漏事件	石油类	瞬时
13	2006-12-27	贵州省黔西南州贞丰县紫金矿尾矿库垮塌造成含氰污染物下泄事件	氰化物	瞬时
14	2007-03-03	山东省长岛海域油污染事件	石油类	连续
15	2007-05-29	江苏省无锡市自来水出现臭味事件	溶解氧、氨氮、总氮、总磷、高锰酸盐指数	连续
16	2007-05-29	湖南省邵阳市隆回县油罐车翻车引发环境污染事故	石油类	瞬时
17	2007-07-02	江苏省沭阳县饮用水水源地污染事件	氨氮	间歇
18	2007-08-29	陕西省发生原油泄漏造成延安市区水源地污染事件	石油类	瞬时
19	2007-12-14	江西省南康市饮用水水源污染事件	氨氮	间歇
20	2008-01-01	江西省抚州市宜黄县三和化工厂爆炸事故	乙酸、乙醇、二氯甲烷	瞬时
21	2008-01-05	贵州省独山县瑞丰矿业公司违法排污引发饮用水水源污染事件	砷	间歇
22	2008-01-09	广东韶关发生交通事故导致三氯丙烷泄漏事件	三氯丙烷	瞬时
23	2008-01-23	湖南省怀化市辰溪县一家硫酸厂违法排污造成村民砷中毒事件	砷	间歇
24	2008-02-16	广东佛山市高明区自来水厂遭受油污染导致城区停水事件	石油类	瞬时
25	2008-03-30	河北省张家口蔚县壶流河水库水污染事故	总氮、氨氮、挥发酚、石油类	间歇
26	2008-07-08	俄方通报黑龙江水体发现污染事件	油	瞬时
27	2008-07-14	辽宁省东港市五隆金矿尾矿库垮塌事件	氰化物	瞬时
28	2008-07-22	陕西商洛市山阳县双河矾矿尾矿库1号泄洪斜槽发生垮塌事故	氨氮	瞬时
29	2008-09-18	云南省阳宗海砷污染事件	砷	间歇
30	2008-10-15	四川雅安华能集团两电站放水冲沙致使大量泥沙进入青衣江水体事件	化学需氧量	瞬时
31	2008-11-03	河南省民权县成城化工有限公司造成大沙河砷超标事件	砷	间歇
32	2009-01-13	山东省临沂市郯苍分洪道省界断面砷含量超标事件	砷	间歇
33	2009-02-20	江苏盐城市一自来水厂出水异味造成部分城区停水事件	含酚钾盐	间歇

序号	时间	事件名称	特征污染物	排放特征
34	2009-07-22	苏鲁交界邳苍分洪道砷浓度超标事件	砷	间歇
35	2009-12-30	中石油公司兰郑长成品油管道渭南支线柴油泄漏事件	柴油	瞬时
36	2010-04-26	吉林省集安市通沟河饮用水源附近柴油泄漏事件	柴油	瞬时
37	2010-07-03	福建紫金矿业集团污水池渗漏致汀江水质污染	含铜酸溶液	瞬时
38	2010-07-16	中石油国际储运有限公司大连输油管道爆炸火灾事件引发海洋污染	石油类	瞬时
39	2010-10-18	广东韶关冶炼厂排污造成北江铊超标	铊	间歇
40	2011-04-09	豫鲁交界徒骇河水污染事故	COD和氨氮	间歇
41	2011-06-04	浙江杭新景高速建德洋溪大桥路段发生交通事故造成苯酚泄漏	苯酚	瞬时
42	2011-06-05	浙江杭州苕溪饮用水水源水质异常事件	挥发性和半挥发性有机物	瞬时
43	2011-06-22	湖南广东跨省界武江河锑污染事件	锑	连续
44	2011-07-26	四川绵阳7·26涪江水质异常事件	锰	瞬时
45	2011-08-03	湖南资江益阳段柴油泄漏事件	柴油	瞬时
46	2011-08-06	广东河源市和平县交通事故导致氢氧化钠泄漏事件	氢氧化钠	瞬时

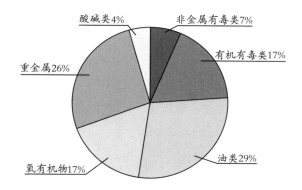

图 6.7 2006—2011 年重大及以上水污染事故的污染物构成

据表 6.11 和图 6.7 统计结果表明，6 年间我国突发性水污染事故的主要污染物为油类（13 起）、重金属类（12 起）、有机有毒类（8 起）和需氧有机物（8 起），共占 89%，而非金属有毒类（3 起）和酸碱类（2 起）共占 11%。其中油类污染物主要来源于船舶或油罐车的交通运输事故、输油管线泄漏造成的油类外溢；重金属类污染物主要来自有色金属冶炼、化工厂违法排污以及尾矿库溃坝等；需氧有机污染物主要来源于城镇生活污水及印染、造纸企业的违法排污；有机有毒类污染物主要包括苯酚、苯胺、三氯丙烷等，主要来源于生产、储运、使用过程中发生的意外污染事故及企业的违法排污。

如图 6.8 所示，46 起突发水污染事故的污染物共有 21 种，这些污染物较多地集中为砷、柴油、氨氮、原油、COD 及氰化物 6 种污染物，占总数的60.9%；在 12 起由重金属引发的突发水污染事故中，由砷引起的有 7 起，占58.3%。对于经常出现的污染物应给予充分重视。

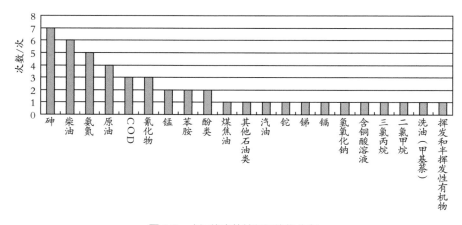

图 6.8　水污染事故特征污染物分布

2. 突发性水污染事故发生特点分析

突发性水污染事故的特点表现为水污染事故发生、发展和危害的不确定性，影响的长期性和应急主体的不明确性。

（1）发生时间和地点的不确定性

引发突发性水污染事故的直接原因可能是水上交通事故、企业违规或事故排污、公路交通事故、管道破裂等，这些因素中相当大一部分属于运动源。这些事件发生的时间和地点具有不确定性，决定了突发性水污染事故的不确定性。

（2）事故水域类型的不确定性

水域可以分为河流、水库、湖泊、河口、海洋和地下水等类型，其水流状态直接影响污染物的扩散方式和扩散速度。在同一种水域类型中，不同的子类型对水流性质影响很大，如河流中的顺直河道和弯道之分、山区河道和平原河道之分，它们的水流特性差异相当大，进而影响到污染物的扩散；此外，还有洪水、潮汐、风浪等瞬时水文变化也会影响污染物的扩散特点。

（3）污染源的不确定性

突发性水污染事故发生的形式具有不确定性，导致事故释放的污染物类型、数量、危害方式和环境破坏能力的不确定。而污染源的这些数据对于应急救援而言是极为重要的，也是事故数学模拟的基本参数。

（4）危害的不确定性

危害的不确定性源于水域功能和事故受害对象的不确定性。水资源按功能可分为生活用水、灌溉用水、渔业用水和工业用水，同等规模和程度的水污染事故对不同水资源造成的污染危害是千差万别的。若污染事故发生地点距离城市水源地很近，城市供水就会中断，其后果将是灾难性的，但若发生在远海区可能就不会影响任何人。

（5）影响的长期性和处理的艰巨性

突发性水污染事故处理涉及因素较多，且事发突然、危害强度大，必须快速、及时、有效地处理，否则将对当地的自然生态环境造成严重破坏，甚至对人体健康造成长期的影响。对于大型流域，其水体容量大、处理难度相当大，一旦突发污染事故，很大程度上需依靠水体的自净作用减缓危害，这对应急监测、应急措施的要求更高。

（6）应急主体不明确

许多突发性水污染事故不能被人们直接感知（如看到、闻到），且污染物随水流输移，造成"事故现场"的不断变化。污染物在输移扩散的过程中还可能因为各种水力因素的作用产生脱离，出现多个污染区域。这直接导致了应急主体不明确，例如污染事故发生在两个地区交界的地方，按照快速响应的原则，就近的基层组织或企业应快速组织起来处理事故，但由于上一级组织才具备协调权力，经过若干次的通报、请示、指示程序，可能已经错过最佳的处理时间。

3. 突发性水污染事故发生的诱因分析

根据突发环境事件的引发原因，突发环境事件可以分为生产安全事故引发的突发环境事件、交通事故引发的突发环境事件、企事业单位违法排污引发的突发环境事件和自然灾害引发的突发环境事件等。2006—2011 年环境保护部直接调度或处置的 46 起重大及以上的水污染事故中，由于上述几种因素引起的事故占比情况见表 6.12。

表 6.12　水污染事故诱因分析

	生产安全	交通事故	违法排污	自然灾害	其他	总计
件数	11	8	16	2	9	46
比例	23.9%	17.4%	34.8%	4.3%	19.6%	100%

当前，生产安全事故已成为引发水污染事故的第一重要因素。生产安全事故通常通过两种途径对环境造成污染，从而引发突发环境事件：一是生产安全事故造成的化学品泄漏，直接对水环境造成污染；二是相关部门在处置生产安全事故时由于缺乏环保专业知识及设备而造成环境污染。

交通事故处置不当也会次生突发环境事件。由表 6.12 中，其占比为 17.4% 可知，交通事故已成为引发突发环境事件的一大主要因素。

企事业单位违法排污是引发突发环境事件的重要因素。其中，企事业单位未经审批擅自改变生产工艺或者原料，排放的污染物未经治理就排放，是一种容易被忽视的水污染事故发生因素，如"广东韶关冶炼厂排污造成北江铊超标事件"就是因为该厂擅自改变了原料，改用了从澳大利亚进口的高含铊量矿石，且未治理排污中的铊而引发的。企事业单位违法排污引发的突发环境事件往往因其巨大的危害和恶劣的性质引起社会的强烈关注。

自然灾害也可以引发衍生的突发环境事件。近年来我国极端天气频发，而一些地区长期的水污染问题未得到根治，造成水华事件频现，严重影响群众饮水安全，如"江苏省无锡市自来水出现臭味事件"。

其他人为活动引发的突发环境事件是指除生产安全事故、企事业单位违法排污、交通事故、自然灾害以外的其他突发环境事件。如"四川雅安华能集团两电站放水冲沙致使大量泥沙进入青衣江水体事件"就是由"水利工程调节"引发的。

4. 突发性水污染事故的发生根源

当前，环境安全面临严峻威胁和挑战，一方面由于我国重化工行业占国民经济比重较大，能源结构不合理，经济增长方式比较粗放，行业企业结构性、布局性环境风险比较突出；另一方面，我国生态系统脆弱，环境容量有限，随着长期积累的环境问题的破坏性释放，突发环境事件集中暴发。

（1）产业布局不合理，环境安全隐患问题突出

许多化工企业建在城镇饮用水水源地上游，或紧邻居民区。据统计，全国 21 326 家石化企业中，有 9 651 家建在长江沿岸（占 45.3%），有 3 765 家建在黄河沿岸（占 17.7%）。这些企业设备老化，潜在隐患多，排放的污染物种类多、总量大，对环境的影响重大，其生产或使用的危险化学品一旦泄漏，将严重危害民众健康。

（2）企业的环保意识薄弱，缺乏责任心，环境管理水平差

一些企业环境安全意识缺乏、制度不健全、措施不到位，环境安全隐患突出。一些企业不仅缺少防范环境污染事件的有效机制和措施，甚至没有应对突发水环境污染事件的基础设施。许多企业存在不同程度的治污设施缺乏或故意不正常使用治污设施而偷排污染物、超标排污等环境违法问题。一些企业在破产、停产、转产过程中，遗留的大量危险化学品、危险废物和放射源处于无人管理的状态，构成重大环境安全隐患。

（3）水资源短缺及其不合理开发利用加剧环境污染风险

水资源短缺及其不合理开发利用、水体污染严重，给水环境安全造成严重威胁，饮水安全、生态用水等问题已逐渐呈现。

在我国 600 多个城市中有 400 多个城市供水不足，其中 100 多个城市严重缺水，特别是我国北方和西部地区已处于国际公认的极度缺水状态，缺水和污染导致华北平原生态急剧恶化。许多流域的水质处于临界状态，稍有外力将引发重大水污染事故。饮用水保护区存在的安全隐患：一是饮用水水源

保护区内经常有公路或铁路干道穿过，除极少数水源保护区有检查站检查危险化学品等有毒有害物质外，绝大多数水源地未采取措施；二是饮用水水源保护区普遍存在标识牌和界桩不全或未设置警示标志的现象，一些水源保护区的管理严重滞后；三是个别城市的一级保护区内存在化学品污染源，水源保护区污染源清理整治"治标"而未"治本"。

（4）生产安全及交通运输事故处置不当造成次生环境事件

在 2011 年环境保护部直接调度处理的突发环境事件中，由生产安全事故和交通事故引发的环境事件分别占 48.1% 和 14.2%，是次生突发环境事件的主要原因。事故处置中产生的消防废水外泄引发的水污染事故时有发生，在 2006—2011 年 6 年间发生的 46 起重大及以上水污染事故中，就有"抚州市宜黄县三和化工厂爆炸事故"、"中石油国际储运有限公司大连输油管道爆炸火灾事件引发海洋污染"、"浙江杭新景高速建德洋溪大桥路段发生交通事故造成苯酚泄漏"等 3 起事件。

（5）环保部门应急管理中存在诸多问题

一是缺乏合理的应急控制阈值标准。目前我国在突发性水污染事故处理中多采用《地表水环境质量标准》GB 3838—2002 和《生活饮用水卫生标准》GB 5749—2006。这些标准均是以慢性长期接触为基础的慢性标准值，这些标准值通常比急性标准值低许多，并且以慢性长期接触为基础也与突发性污染的瞬时特性相抵触。因而，以上标准均只适用于人体终生饮用的安全剂量，若将以上标准用于水污染事故污染物急性暴露评估，存在过高估计水污染事故危害程度的可能性。因此，开展基于人体健康的污染物急性暴露应急控制阈值的研究尤为重要。

二是缺乏对水源地环境风险的研究。环境风险评价是针对某建设项目或区域开发行为诱发的灾害以及自然灾害识别、度量和管理，它们对人体健康、经济发展、工程设施、生态系统等可能带来的损失。通过对水源地进行环境风险评价可以明确水源保护区内的水文地质条件和可能发生污染事故的区域，确定水源地周边存在的潜在污染源的位置、数量和污染物的种类，然后根据污染物的种类、特性和污染源的分布制定相应的快速监测、治理、修复方法和完善的应急预案，以降低事故导致的损害。以往的研究还没有将水源地作为一个特定区域来进行专门的探讨，对于水源地整体安全风险的研究还比较薄弱。由于各水源地实际状况不同，需要开展针对不同地区水源地的环境风险评价和研究。

此外，还缺乏备用水源、监测预警手段等方面的管理与技术。

（二）三峡库区水环境风险评估与预警平台构建

1.平台软件设计原则

三峡库区水环境风险评估及预警平台的应用架构以面向业务化流程需求为理念，针对平台建设目标，依据"一个体系、一张网、一张图、一个表和一个流程"的建设思路，以基础数据为支撑，以软件工程、决策支持、模拟仿真与 GIS 等信息化技术为手段，全面实现动态监测、一体化管理、综合分析和实时发布等目标，实现三峡库区水环境风险评估与预警平台示范。

一个体系：针对三峡库区水环境安全监管的需求，构建业务化运行的联动机制，形成各级主管部门、业务监管部门和应急实地调派等多方联动，在预警平台、事故应急处置平台和信息发布平台的联动配合下，形成系统化的风险评估—预测预警—应急指挥的完整体系。

一张网：优化、完善现有的广域网及局域网运行环境，集成有线和无线多种传输技术，利用 VPDN/ADSL 和 CDMA、GPRS 以及 3G 技术构建现场通信传输网络，利用 SDH/MSTP 技术构建库区水环境主干数据网络，包括构建监测分布网络、传输网络和控制网络等，实现网络覆盖三峡库区水环境。

一张图：GIS 技术对于空间数据或图形图像的良好支持，对地物电子地图的展示和对空间趋势的分析，使得风险评估与监测预警的可视化成为可能；加之良好的操作性、可扩展性和交互性，使以"地图"形式展示、分析与交互成为三峡库区水环境风险评估与监测预警示范平台的重要特色。

一个表：通过空间数据、属性数据、模型、专题分析结构的一体化存储，实现应急预案的智能化生成；通过平台调用数据资源，将应急指挥人员、监测人员、处置人员、救援队伍、专家等信息集成并自动生成一个调度表，同时使标准化处置、监测等方案模块自动生成应急方案。

一个流程：针对三峡库区水环境风险评估与预警示范的目的，将库区水环境风险评估与预警示范流程化构建于管理模块中，具体为"监测预警信息采集—数据库管理系统一体化管理—水环境风险评估与预警平台展示与分析—应急指挥系统多方实时联动—水环境风险预测信息发布反馈"。

2. 总体架构设计

针对水环境风险评估与预警需求，构建以联邦体系架构（Federal Enterprise Architecture, FEA）为基础，以面向服务架构（Service Oriented Architecture, SOA）和模块化设计为支撑的三峡库区水环境风险评估及预警平台系统架构，如图6.9所示。

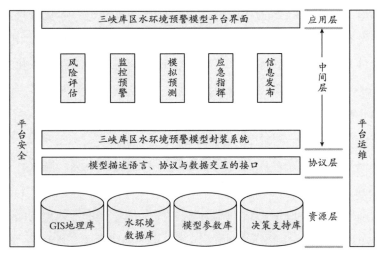

图6.9 三峡库区水环境风险评估及预警平台总体架构设计

三峡库区水环境风险评估及预警平台采用面向SOA的框架设计，整合了包括污染源数据、水文气象数据、环境质量数据、模型数据、GIS数据等在内的数据对象；在协议层提供各种模型、服务协议和数据交互的接口设计规范；在中间层提供水环境模型封装系统，并且按照三峡库区水环境风险评估及预警示范平台风险评估、监控预警、模拟预测、应急指挥等应用需求，提供包括相关业务应用的设计规范，实现了与重庆原有业务系统的整合。平台层次如图 6.10 所示。

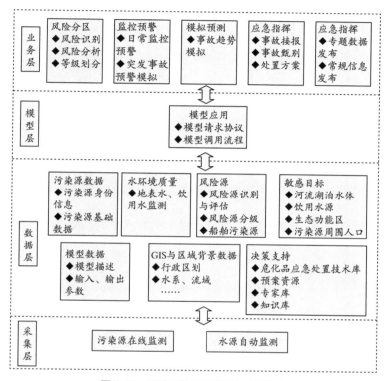

图 6.10　风险评估及预警平台功能层次

（1）网络架构设计

网络架构设计依托环保部信息化统计与能力建设、重庆市环保局现有的网络服务平台，利用 VPDN/ADSL 和 CDMA、GPRS 及 3G 技术构建现场通信传输网络，利用 SDH/MSTP 技术构建库区水环境主干数据网络（见图6.11）。优化、完善现有的广域网及局域网运行环境，选择高可靠性和高性能的网络，集成有线和无线多种传输技术，使得网络在带宽、安全性和兼容性等方面满足平台建设的要求，支撑环保部、地方数据的传输共享等，从而构建集扩展性、兼容性、安全性为一体，全面支撑预测预警体系数据网络传输的示范平台。

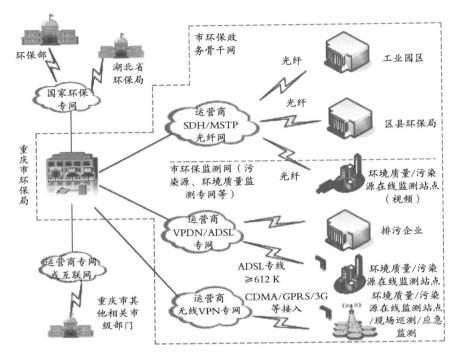

图 6.11　网络总体架构现状拓扑

　　根据总体设计思路规划出平台网络架构的基本模型，分别设计出平台的核心骨干网、数据中心、汇聚接入、VPN 及互联网、以太网基本架构和原始模型。

　　核心骨干网采用高端高性能交换机作为平台的核心交换机。两台核心交换机通过 TRUNK 万兆接口互联，采用 VPN 协议的可靠性配置与核心路由器互联。核心路由之间通过千兆接口互联，并与分支机构间采用 SDH 专线和 MPLS-VPN 专线建立广域网的互联冗余结构，SDH 和 MPLS 广域网链路可根据实际费用选择。分支机构核心交换和路由的互联，与平台核心交换和路由结构相同，只是设备性能要求较低。使用 OSPF 路由协议，并将核心的路由全部动态发布到 Area 0 区。

　　数据中心网络的设计包含了研发和公共应用服务两大部分，两个区域的数据都是安全性要求较高的，因此采用带防火墙业务板的高端交换作为核心交换并与平台核心交换全冗余交叉互联，既保证了可靠性也保证了安全性。

汇聚层网络的设计涵盖了平台所有汇聚接入的网络情况，汇聚交换同样采用双链路双机冗余与核心、接入交换分别互联，保证了网络的高可靠性和数据交换性能。

互联网部分包含 Internet、DMZ 和 VPN 网络。为保证信息安全，网络架构相对较复杂：Intranet 至 DMZ 之间部署防火墙保证内网与 DMZ 区域数据交换的安全，DMZ 至 Internet 之间再部署防火墙保证 DMZ 与 Internet 之间数据交换安全，在 Intranet 至 Internet 之间增加行为控制设备，在出口防火墙外旁路 IPS 设备对互联网数据进行入侵检测和防御，ISP 线路通过链路负载均衡对互联网流量负载进行调控。驻外移动用户通过部署在 DMZ 的 IPseeVPN 和 SSLVPN 与 DMZ 核心交换互联，再通过内网防火墙对数据进行授信访问。监测网点可通过 ISP 线路与 DMZ 的 VPNRouter 建立点对点的 VPN。

（2）数据架构设计

根据三峡库区水环境风险评估及预警示范平台对数据的要求，对系统平台数据资源进行分析，包括基础地理空间信息数据、环境质量数据、风险源数据、敏感目标数据、模型参数数据以及决策支持数据，如图 6.12 所示。

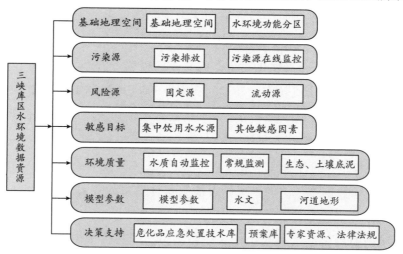

图 6.12　数据资源分析框架

基础地理空间信息数据库。库采用重庆市政务地理信息共享服务平台的行政区划图、卫星影像图、地形图和三维影像图，通过标准的 GIS 服务接口在开发端以服务聚合的方式集成调用数据，并预留 GIS 输入、输出接口。数据库数量包括三峡库区流域基础地理空间数据，如自然环境、社会经济、环境质量、污染源等数据。具体内容包括：①库区区县、乡镇区划以及地名；②库区人口（组成、数量）、经济（产业结构）；③库区交通（高速公路、国道、省道、县道、铁路）；④地形地貌（流域 DEM 图）；⑤土地利用；⑥土壤类型；⑦河流水系；⑧水文数据；⑨气象数据。具体内容可在库区全局 1：50 000、城区 1：10 000 地图上展示。

污染源排放数据库。包括三峡库区 1 760 家重点废水污染源数据，工业污染源信息数据详细标明污染源名称、地址、岸别、主要产品产量、主要辅助材料、废水排放去向、日排废水量、日排主要污染物数量、废水排放规律、废水监测方式、主要污染物浓度范围等；98 家（72 家国控重点污染源和 26 家其他污染源）重点污染源在线监测数据。数据库的主要内容包括企业名称、企业编码、企业所属行政区划、经度、纬度、类型、排入江系等基本信息，以及污染物排放和污染物监测信息等。监测指标包括监测时间、流量和 COD 值。

水污染风险源数据库。筛选第一次全国污染源普查及更新的污染源名录中可能对水环境造成污染事故的风险源，包括主要污染源及其在生产、运输、使用、销售等环节产生的污染，以及库区船舶污染源（信息库包括不同类型船舶数量、发动机功率、年运行天数、船员人数、年客运量、含油废水、生活污水日排放量、废水污水处理情况，污染物浓度范围、日排放污染物量等信息）。明确库区主要风险源和主要污染物，确定三峡库区主要水环境污染物在水体中的背景值含量。

敏感目标数据库。三峡库区内可能受水环境事故危害的敏感目标类型，主要包括重要的河流湖泊水体、集中式饮用水水源及重要的生态功能区，如重大风险源周围的人口集中区、学校、医院、珍稀鱼类保护区及水产养殖区。

模型参数数据库。包括三峡库区干流及主要支流一维断面划分数据，结合实测地形资料确定的河道断面地形高程值，干流上游边界流量、下游水位、水质指标，干流梯级水库调度规划，汉江干流的闸站调度规则；涉及模型计算的主要参数，如河道糙率、扩散系数、紊动黏性系数、降解系数；三峡水库的蓄水情况、各独立系统的运行情况、水库调度运行方式、水位流量等相关数据。

决策支持数据库。主要包括 7 种非金属氧化物、13 种重金属、13 种致色物质、9 种酸碱盐类物质、71 种有机污染物、7 类油类，共计 120 种危险化学品在陆地及流入水体后的应急处置数据库，突发性水污染事故应急预案库以及相关专家、法律法规库。

总体上，平台数据被分为三个层次：过程数据、业务成果数据、公共基础数据。其中过程数据是业务系统办理过程中产生的数据，只存储于各自业务系统数据库中。业务成果数据是业务系统产生的管理成果数据，包括空间数据、表单数据和文档数据 3 类。业务成果数据除了存储于各自业务系统之中外，还能通过数据中心共享给其他业务，在系统内部使用。公共基础数据包括空间数据、表单数据和文档数据 3 类。公共数据来源有三：一是从系统业务成果数据中提取的核心管理对象数据，二是采集加工入库的公共数据，三是外部共享的公共数据。公共基础数据和业务成果数据是共享的数据。

根据数据来源属性不同，数据更新方式也有所不同。对于公共基础数据，建立公共数据库与外部共享更新、专项调查更新、加工录入导入更新。对于业务成果数据，通过系统升级形成专题数据库自动更新；通过系统开发把关键数据收集体现出来，建立各业务子系统的成果数据库；通过业务管理系统升级来丰富和增补专题数据库，进而丰富主数据库。业务过程数据则靠业务系统运行自动更新。

平台数据架构设计的目标是建立采集、管理、维护、分发和应用库区基础地理数据、水环境实时监测、风险预测相关数据等数据的数据库系统。按照"数据依赖于业务产生，独立于业务存储"的原则，针对业务需求，建立数据目录体系和编码体系，实现数据与图形叠加。建立数据更新机制，使数据体系具有实时性、规范性、有效性、安全性、开放性、可扩展性，着重为风险评估、监控预警、预测模拟、应急指挥、信息发布提供服务。

（3）应用架构设计

平台业务应用管理的标准化，能提高应用管理的灵活性、可扩展性及有效性。因此为实现三峡库区风险评估与预警平台业务应用的动态管理，构建了基于面向服务的三峡库区水环境风险评估和预警平台的应用架构，如图6.13 所示。

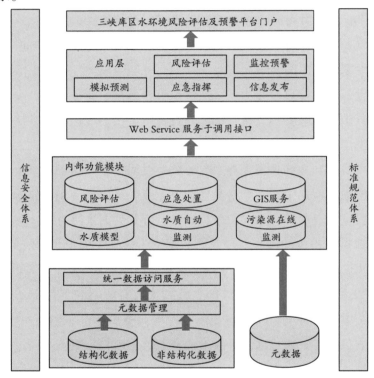

图 6.13　面向服务的平台应用架构设计

（4）数据的传输保障

三峡库区水环境在数据传输方面充分利用先进的通信技术，将感知段获取的数据经过 VPN 加密、光纤、3G 等方式传送到分中心，分中心对数据进行审核后，上传至三峡库区水环境监控中心。对于手工监测数据，区分为两种情况：一种是某些可以现场监测的项目，如 pH 值、电导率等可以通过 PDA 或者实验室管理客户端，利用 3G 网络直接传送至区县二级监测站的实验室管理系统，待完成数据审核后，通过 VPN 加密网络或者环保专网上传至分中心；

另一种是需要实验室分析的监测项目，通过实验室管理系统质控后，再通过 VPN 加密网络或者环保专网上传至分中心。数据传输如图 6.14 所示。

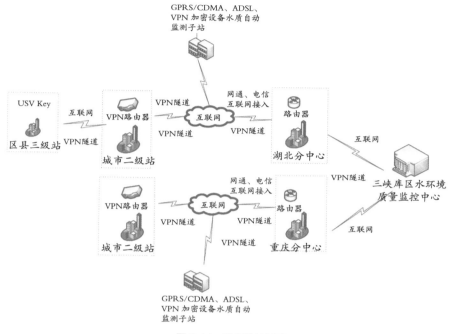

图 6.14 数据传输示意

3. 示范平台的功能设计

（1）风险评估功能设计

风险评估功能主要是针对日常的环境风险预防监控与事故环境风险管理需求，在科学研究的基础上借助已有的空间数据，利用 GIS 的空间分析功能进行风险区划分，将水环境管理提高到风险管理水平。风险源识别与评估技术体系，按流域、园区和企业等层次划分风险分区，对特定水域的潜在风险进行初步评价，进而根据结果和规律对风险区进行划分，形成直观的专题效果，便于不同监管部门通过不同监控级别对风险分区进行信息化管理。

根据获取的工厂企业、污水处理厂、危化品码头、油库、加油站、船等风险信息，以及饮用水水源地、自然保护区等相关信息，相关人员提出了基于风险品数量和毒性的分级方法。基于敏感目标价值，利用整合风险源影响后的敏感目标分级方法实现了库区水环境的风险分区。

风险源分级结果显示，只考虑风险源具有的风险品数量时，三峡库区共有特大风险源 25 个；当考虑风险源具有的风险品数量和毒性时，三峡库区有特大风险源 9 个；当综合考虑风险源具有的风险品数量、毒性和风险源事故发生概率时，三峡库区有事故型水环境污染特大风险源 10 个。从集中饮用水水源地分级结果来看，当只考虑集中饮用水水源地的价值（服务人口数量）时，整个三峡库区有特大敏感目标（集中饮用水水源地）23 个；自然河流的枯水期（三峡水库处于高水位蓄水期），三峡水库高水位运行期时，有特大敏感目标 2 个；自然河流平水期，三峡水库中水位运行时，有特大敏感目标 11 个；自然河流丰水汛期，三峡水库低水位运行时，有特大敏感目标 12 个。

最终基于风险源和敏感目标的环境污染风险分区结果表明：当三峡水库高水位运行时，有高风险区 4 个，中风险区 7 个；当自然河流为丰水汛期，三峡水库低水位运行时，有高风险区 5 个，中风险区 5 个。

通过 GIS 手段进行风险评估的同时，根据实际监测数据，基于地理空间标注和动态管理数据内企业的基本信息、排放情况、风险单元信息、监管信息、周边敏感点等数据，按照风险源属性、敏感目标及管控水平特征，建立库区风险源分级体系。在涉及交通事故引发环境风险方面，对跨江大桥及下游饮用水水源地进行分级标注，对风险源进行辅助管理，通过信息化手段与实际监测手段结合风险评估进行数字化管理。

（2）监控预警功能设计

监控预警功能包括三峡库区日常的水环境监测、污染源排放以及水环境预警监控网络的管理等。水环境质量的监控预测主要包括日常的地表水自动监测子系统、饮用水水源自动监测子系统以及国控污染源在线监测子系统的监控预警。

污染源监控中，重点监控工业污染源。根据控制污染因子对水体的影响程度选用不同的累积污染负荷，对三峡库区重点污染源进行筛选，再结合污染源的基本情况、空间分布和污染物排放去向等，最终选出重点监控污染源 273 家，占三峡库区废水污染源总数的 15.5%。从区域分布来看，污染源主要分布在重庆段（261 家），占三峡库区重点监控污染源总数的 95.6%。重庆段 261 家重点监控污染源中，涪陵区、万州区、九龙坡区、沙坪坝区和江津区有 137 家，占重庆段重点监控污染源总数的 52.5%。从行业分布看，重点监控污染源涉及煤炭开采和洗选业、农副食品加工业等 25 个行业大类，其中农副食品加工企业最多，为 81 家，占三峡库区重点监控污染源总数的 29.7%；其次是化学原料及化学制品制造业和金属制品制造业，这 3 个行业的重点监控污染源均多于 20 家，共 130 家，占三峡库区重点监控污染源总数的 47.6%。库区 273 家重点监控污染源各类污染物排放总量为 23 233.30 t，占库区工业各类污染物排放总量的 68%。其中 COD 排放量为 21 385.35 t，占库区工业 COD 排放总量的 68.3%；氨氮排放量为 1 840.03 t，占库区工业氨氮排放总量的 75.8%；特征污染物挥发酚排放量为 2.25 t，占库区工业挥发酚排放总量的 97.4%；特征污染物氰化物排放量 764 kg，占库区工业氰化物排放总量的 90.6%；重金属砷排放量为 119.51 t，占库区工业砷排放总量的 84%；重金属六价铬排放量为 2 187.50 t，占库区工业六价铬排放总量的 85.5%；重金属铅排放量为 220.59 kg，占库区工业铅排放总量的 96.2%；重金属镉和汞排放量分别为 17.99 kg 和 0.07 kg，均占 100%。

　　库区水环境监测以流域为单元，以手工采样、实验室分析技术为主，以移动式现场快速应急监测技术为辅，并对部分敏感水域组织实施自动监测，形成了常规手工监测、自动监测和应急监测相结合的水环境监测技术体系，如图 6.15 所示。结合重大污染源在线监测对主要污染物排放强度、浓度进行监控，对当天污染物可能对水质、饮用水水源造成的污染情况进行预测预警。

　　对流域或水系设置背景断面和控制断面，对行政区域设置背景断面（或入境断面，或对照断面）、控制断面和出境断面，在各控制断面下游，如果河段有足够长度（10 km 以上）则设置削减断面。基于风险源与敏感目标的耦合情况，手工监测断面覆盖了长江、嘉陵江、乌江干流及流域面积在 100 km² 及以上的主要次级河流、跨省界河流和库区一级支流等；覆盖了区县（自治县）政府所在地的主要集中式饮用水水源地、乡镇主要集中式饮用水水源地（见表 6.13）。在监测指标方面，重点监测污染物分担率较高的指标、污染物浓度变化大的指标，对于污染物浓度处于较低水平且长期变化不明显的指标减少监测。对于大型城市饮用水水源地等重点监控断面，监测指标除了 GB 3838—2002 中规定的指标外，考虑到三峡库区具有河流和湖库的特征，需监测 pH 值、溶解氧、氨氮、石油类、高锰酸盐指数、BOD_5、COD、汞、六价铬、铅、挥发酚、氰化物、氟化物、粪大肠菌群，以及总氮、总磷、透明度和叶绿素 a 等富营养化指标。

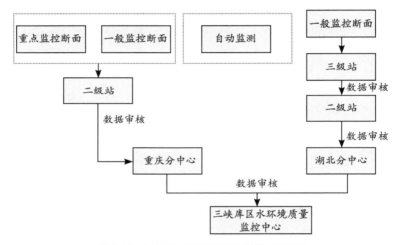

图 6.15　三峡库区水环境质量监测网络体系

表 6.13　三峡库区"三江"（长江、嘉陵江、乌江）断面布设情况

省市名称	断面名称	所在区县	所在河流	断面属性
重庆市	朱沱	永川区	长江	省界（川—渝）
重庆市	江津大桥	江津区	长江	饮用水水源地
重庆市	鱼洞车渡	巴南区	长江	饮用水水源地
重庆市	九渡口	九龙坡区	长江	饮用水水源地
重庆市	丰收坝	大渡口	长江	饮用水水源地
重庆市	和尚山	九龙坡	长江	饮用水水源地
重庆市	黄桷渡	南岸区	长江	饮用水水源地
重庆市	寸滩	江北区	长江	
重庆市	鱼嘴	江北区	长江	
重庆市	扇沱	长寿区	长江	

省市名称	断面名称	所在区县	所在河流	断面属性
重庆市	鸭嘴石	涪陵区	长江	
重庆市	红光桥	涪陵区	长江	饮用水水源地
重庆市	清溪场	涪陵区	长江	
重庆市	大桥	丰都县	长江	饮用水水源地
重庆市	白公祠	忠县	长江	饮用水水源地
重庆市	苏家	忠县	长江	饮用水水源地
重庆市	桐园	万州区	长江	饮用水水源地
重庆市	晒网坝	万州区	长江	
重庆市	苦草沱	云阳县	长江	饮用水水源地
重庆市	白帝城	奉节县	长江	
重庆市	红石梁	巫山县	长江	饮用水水源地
重庆市	培石	巫山县	长江	
湖北省	巫峡口	巴东县	长江	省界（渝—鄂）
湖北省	黄蜡石	巴东县	长江	
湖北省	银杏沱	秭归县	长江	
重庆市	利泽（金子）	合川区	嘉陵江	省界（川—渝）
重庆市	东渡口	合川区	嘉陵江	饮用水水源地
重庆市	北温泉	北碚区	嘉陵江	
重庆市	梁沱	江北区	嘉陵江	饮用水水源地
重庆市	大溪沟	渝中区	嘉陵江	饮用水水源地
重庆市	高家花园	沙坪坝区	长江	饮用水水源地
重庆市	万木	酉阳县	乌江	省界（黔—渝）
重庆市	鹿角	彭水县	乌江	
重庆市	锣鹰	武隆县	乌江	
重庆市	麻柳嘴（白马）	武隆县	乌江	

　　自动监测主要布设在三江（长江、嘉陵江、乌江）入境（入库）断面、城市饮用水水源地。库区监测项目为 5 个水质参数(pH 值、温度、溶解氧、浊度、电导率）、氨氮、高锰酸盐指数、总磷、总氮等。监测频次为 4 小时一次。目前三峡库区"三江"水质自动监测站布设情况见表 6.14。

　　（3）模拟预测功能设计

　　模拟预测模块主要是针对事故型水污染事故进行模拟预测。平台与模型的集成采用 B/S+C/S 架构，通过标准的数据和模型接口来实现。为统一计算和展示模拟成果，对三峡库区主要河道地形统一划分网格编号，并分别存

表 6.14 三峡库区"三江"（长江、嘉陵江、乌江）水质自动监测建设情况

所在河流	自动监测站	断面属性	监测项目	监测频次
长江	朱沱	省界（川—渝）	5参数、氨氮、高锰酸盐指数	4小时/次
长江	丰收坝	饮用水水源地	5参数、氨氮、高锰酸盐指数、总磷、总氮	4小时/次
长江	和尚山	饮用水水源地	5参数、氨氮、高锰酸盐指数、总磷、总氮	4小时/次
嘉陵江	金子	省界（川—渝）	5参数、氨氮、高锰酸盐指数、总磷、总氮、硝酸盐氮、亚硝酸盐氮	4小时/次
嘉陵江	北温泉	饮用水水源地	5参数、氨氮、高锰酸盐指数、总磷、总氮、叶绿素a	4小时/次
嘉陵江	梁沱	饮用水水源地	5参数、氨氮、高锰酸盐指数、总磷、总氮	4小时/次
嘉陵江	大溪沟	饮用水水源地	5参数、氨氮、高锰酸盐指数、总磷、总氮、硝酸盐氮、亚硝酸盐氮、氟化物、氯化物、锰、铜、锌、铁、六价铬	4小时/次
乌江	万木	省界（黔—渝）	5参数、氨氮、高锰酸盐指数、总磷、总氮、硝酸盐氮、亚硝酸盐氮	4小时/次

储于此模型和三峡库区水环境风险预警模型中。在平台上调用已经封装的水环境模型，输出的参数包括网格编号、时间、浓度、水流流速，以 SHP 或 Excel 等数据格式输出。在平台上显示模拟预测的结果，辅助水污染事故的应急处置决策。

目前，相关研究人员通过对库区已经发生和潜在发生突发性水污染事故的典型污染物的分析，研究了油类和重金属的水质模型；建立了适用于三峡库区整体干流与重要支流的事故型水环境污染风险评估与预警的水动力模型（一维和三维模型）、水质模型（一维和三维模型），以及用于油类、重金属污染的模型库和参数库；构建了三峡水库突发性水环境风险预测预报的一维、三维潜逃模型的边界条件和计算方法，采用 NetCDF 指针方法实现了库区三维海洋数据的存储与提取，库区突发性事件模拟实现了自适应的追踪技术，可快速计算和显示突发事件中污染团的演进过程。

（4）应急指挥功能设计

一般环境投诉和应急事故统一由重庆市 12369 环境投诉受理和应急信息系统接报，通过甄别后，分别启动相应级别的处置流程，通过系统实现实时

调度、音视频交互、态势模拟、态势展现等功能。即每次环境投诉事件处置作为一次小环境应急事件，真正实现应急信息系统与投诉受理系统的高度整合和平战结合。

系统各用户均可以在同一界面上共享信息，实时交流；信息资源可以根据已有信息主动智能化推送，尽可能达到快速、边界、直观的应用要求。应急指挥系统的功能设计围绕应急接警、智能甄别、启动预案、现场指挥 4 大模块进行。

①应急接警

通过与 12369 系统进行信息集成，接听 12369 举报投诉系统发来的报警信息，记录事故的接报内容，包括事故时间、地点等信息，及时对突发性环境污染事故作出响应。如事故为固定风险源，则可在企业信息库中选择相应企业，事故单位基本信息将自动填充至相应字段。如事故为移动风险源，需要添加移动风险源的经纬度信息。经纬度信息可通过点击地图图标在地图上进行搜寻，找到相应位置后所获取的经纬度信息将自动添加到经纬度字段中。事故接报流程如图 6.16 所示。

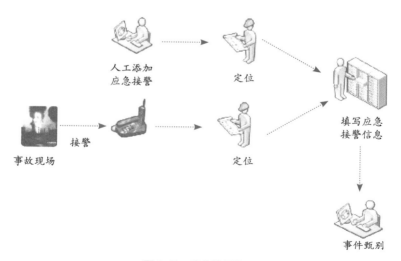

图 6.16　事故接报流程

②智能甄别

根据收集到的信息情报资料、情况变化监测，对预测到可能发生的事件的发生地点、规模、性质、影响因素、辐射范围、危急程度以及可能引发的后果等因素进行综合评估后，在一定范围内采取适当的方式预先发布事件威胁的警告并提醒相关人员采取相应级别的预警行动，从而最大限度地防范事件的发生和发展，以及最大限度地减少突发环境事件的人员伤亡和危害。以不同颜色显示不同级别的事件，预警级别由低到高，颜色依次为蓝色、黄色、橙色、红色。根据事态发展情况和采取措施的效果，预警颜色可以升级、降级或解除。智能甄别流程如图 6.17 所示。

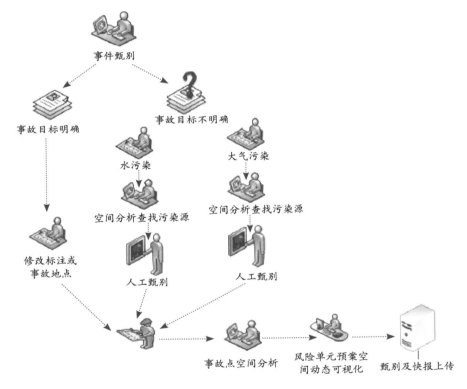

图 6.17 智能甄别流程

③启动预案

通过平台快速查找相应专家、正确的处理方法和分配应急设备，提供有效的应急通信和及时的应急监测，在最短时间内启动应急处理方案，实现对环境应急事件的快速响应。完备源包括：相关人员列表，即应急指挥人员、监测人员、处置人员、救援队伍、专家等所有应急相关人员的基本信息自动形成一个调度表；应急方案，包括监测方案、抢险方案、救援方案、事故善后处理方案。通过点击应急预案，可根据企业信息或危化品信息调用企业应急预案或者相应的事故处置应急预案。监测方案根据发生事故的危化品自动生成，包括现场监测方法、水污染布点原则、监测仪器设备、侵入途径、防护措施等。同时，系统可自动显示距离事故地点最近的应急监测车辆位置信息，计算到达事故地点的最短路径，并在地图上显示。抢险方案是根据事故发生地信息、危化品和事故类型等信息自动调用相应数据形成的，包括在地图上标识出距离事故地点最近的抢险队伍和救援队伍位置信息，计算到达事故地点的最短路径，并在地图上进行显示。根据事故发生地点信息、模型分析结果、敏感点位、应急预案等数据自动生成救援方案，自动计算敏感点位的人群疏散撤离路径，救援队伍赶赴现场的路径。路径信息可以在地图上自动绘制和标注，相应的地图信息可进行图片截取并保存。事故善后处理方案根据事故类型和危化品进行自动生成，包括水体和土壤恢复处理措施、跟踪监测措施、环境恢复措施、储存注意事项等。

④现场指挥

污染事件应急指挥联动如图 6.18 所示，其内容主要体现在以下几方面。

"一源一事一案"。针对重大环境风险源企业内部的每个风险单元的每种环境事件类型制订一个方案。完整的风险源应急处置方案应明确该方案是针对哪种事故、哪种污染事件编制的。

应急物质资源。说明处置该突发事件所需的、所涉企业自身可以调用的应急物质资源的规格、数量、相对位置、管网连接等情况。应急物质资源主要包括应急设施、设备等，如与该环境风险源配套的围堰、事故应急池、废水处置装置、喷淋吸收系统、污染物收集系统、吸附消解物资、应急人员个人防护用品等。将应急物质资源分布情况绘制在一张图上。

处置人员及分工。指出在该种事故条件下需要动用的现场处置人员。根据处置要求进行分工，明确职责，并附上相关负责人的联系方式。

处置流程及步骤。按顺序说明处置该种突发事件所必需的处置步骤，每

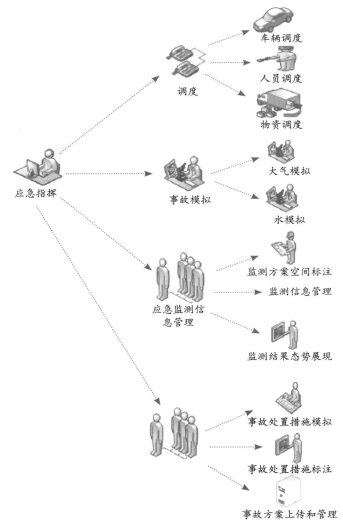

图 6.18　应急指挥联动

个步骤应明确实施人员，并绘制框架流程图。

　　具体处置措施。根据处置流程及步骤，提出实现每一个处置步骤所需要的具体措施，要突出可操作性，以指导每位处置人员的行动。应急措施主要涵盖应急报告、现场隔离、排线措施、污染处置、撤离等。应急报告，即分情况明确事件发生过程中企业内部和企业对外进行报告的条件、程序、内容、时间要求。现场隔离，即明确事件现场隔离区的划定方法及隔离措施。排线措施，一是指生产工艺控制措施；二是指发生事故设施设备的控险、排险、堵漏、输转措施。污染处置，指应急过程中对泄露物及污染物的收集、封堵、转移、处置措施，以及应急设施、污染治理设施的相应操作。撤离，用以说明事件现场人员撤离的条件、方式、方法、地点和清点程序。

⑤信息发布功能设计

随着社会网络化、信息化的飞速发展，基于互联网的信息发布系统的出现为全社会提供了更好的信息宣传与展示手段。三峡库区水环境风险评估与预警平台针对用户提出的需求，将三峡库区某些河流区域或断面的相应水质信息、污染事故的应急处置等相关信息发布到重庆市环保局公众网站，让民众及时了解对应区域的水质变化情况以及水环境事故处理情况。三峡库区水环境风险评估与预警信息发布根据系统服务对象和信息种类，主要分为两类：一类通过三峡库区水环境风险评估与预警示范信息发布平台对内发布；另一类通过接口连接到环保政务网对公众进行发布。对内发布的主要为环境专题数据（专题图）、各种监测数据、模型模拟数据等保密信息，对外发布的主要为有关三峡库区水环境的各类新闻及政策活动。

4. 示范平台集成

按照三峡库区水环境风险评估与预警的业务需求，可以将示范平台分为三部分：事前预防、事中应急处置和事后总结与评估（见图 6.19）。平台具有风险源识别、预警监控、快速模拟与趋势预测、应急指挥与处置、信息发布等功能，可实施市—县两级一体的统一调度模式。

（1）风险评估模块

风险评估模块主要是针对日常的环境风险预防监督与事故环境风险的管理需求，将三峡库区固定风险源分为化工厂、污水处理厂和油码头三类，移动风险源主要包括船舶运输移动源和陆地运输移动源。可能导致危险化学品运输泄露的主要原因有储罐破裂、进料太满和阀门故障。选取水环境风险评估关注的风险物质量、敏感目标和管控措施等三大类 26 项指标，量化风险物

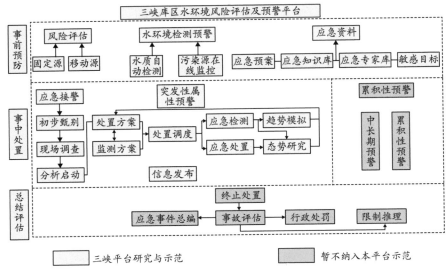

图6.19　三峡库区水环境风险评估及预警平台业务流程

质，重点选取储存、管道清污分流、事故应急池和应急预案等风险防控措施作为工业企业水环境风险隐患排查的识别指标，筛选出三峡库区重庆辖区重大、较大和一般的环境风险源企业，以及重点和一般的敏感目标集中式饮用水源。

三峡库区预警平台按照风险源属性、敏感目标以及管控水平的特征，按照流域、园区和企业等层次划分了风险分区。在固定源管理方面，平台基于地理空间标注并动态管理了企业的基本信息、排放情况、风险单元信息、监管信息、周边敏感点等数据，建立了库区风险源分级体系；在交通事故引发环境风险方面，对跨江大桥及下游饮用水水源地进行了分级标注，辅助对风险源进行管理。

（2）监控预警模块

结合重庆市现有环境监测网络，利用模糊聚类和物元分析法分析库区"三江"干流水质，并利用最佳综合关联函数和次之综合关联函数进行"三江"干流断面聚类分析，优化设置了三峡库区"三江"干流水质和水华的自动监测站位。支流监测水华风险、干流上游监测入库污染负荷、中下游监测水质变化，并辅以实时动态更新的信息化传输网络，形成覆盖全库区干支流的水环境实时监测网络。

　　监控预警集成基于构建的水环境实时监测网络，由污染动态监控、水质动态监控、生物早期预警、预警报告通知组成，集成环境质量子系统 9 个自动监测站和 152 个废水监测站的重点污染源在线监控动态数据。污染源动态监控可实时反映流域内重点排污企业的排放状况。水质动态监控可动态把握流域各断面的水质情况，预警预报重大或流域性污染事故。示范平台有机整合不同的监控手段，实现了单点监控与流域预警、数据采集与数据分析的结合，为环境综合管理提供了重要依据。

　　（3）模拟预测模块

　　平台构建了自朱沱至坝前 650 余千米 968 个断面的大尺度一维模型，突破了三峡库区大尺度模型与三峡水库突发事件的局部精细化模型的自动识别、转化，以及针对突发事件的模型类型、网格、初边值条件和糙率数等模型库和参数库的生成技术，开发了库区重点河段的一维河网水动力学和主要库湾及河口的二维网格耦合模型。基于三峡水库突发事件的局部精细水动力学模型，平台构建了流域突发性环境风险的预测水质模型库和参数库；同时，平台紧密依托库区污染源普查数据，结合企业申报、现场核准、动态更新和协同共享等手段，建立了污染排放清单、河道地形、水文参数等数据库。

　　在模型系统中，通过污染物特性自动选择模型，形成了一维、二维、三维的单一或复合的智能化水质模型体系，可模拟不同水文条件下库区突发污染物的对流扩散、漂移过程，并能快速定量得出污染物的影响范围、发展趋势、到达下游敏感点的时间和浓度变化的过程等信息。同时，在事故发生时输入事发位置、有毒有害物质的量等信息，便可通过水质模型模拟污染趋势。

　　（4）应急指挥模块

　　应急指挥以"一个流程"为指导贯穿始终，规范了应急处置行为；以"一张表"综合调度人员、车辆、专家、物资等相关资源，提升了调度效率；通过处置方案辅助生成、监测数据实时展现等智能化功能，使得应急指挥过程可以获得大量的信息支持。其中，研究人员按照风险物质存储、生产量，筛选出三峡库区主要风险物质（如氨水、甲醛、液氯、硝酸铵等），并集成 120 种典型污染物处置技术，包含 13 类重金属、13 类致色物质、9 类酸碱盐类物质、71 种有机污染物、8 类油类等污染物应急处置技术措施，完成了三峡库区污染物处置案例应急技术平台的构建。

（5）信息发布模块

信息发布是指将示范平台与重庆市环境保护局官方网站对接，实现应急事件第一时间权威信息发布，充分利用电子媒体的及时、开放、互动等优势主动引导舆论。

（三）三峡库区水环境风险评估与预警平台应用效果

三峡库区水环境风险评估与预警平台的用户单位为重庆市环境保护局，由环境监察总队和重庆市环境监测中心负责日常运行。该平台自 2010 年业务化运行以来，实现了三峡库区水环境监察应急管理系统的智能化，极大提升了工作效率。截至 2012 年年底，平台共处理投诉的水污染事故 3 911 件，平均出警时间由原来的 30 分钟以上缩短至 10 分钟以内；水环境应急事件累计应用 53 次，应急处置时间从 1~2 天缩短至 1~2 小时，累积避免和减少直接、间接经济损失超过 1 亿元，保障了集中式饮用水的安全和社会稳定，有效地支撑了三峡库区水环境风险管理。特别是 2010 年 12 月 16 日，该平台成功地支撑了环境保护部与重庆市人民政府组织的突发水污染事故联合演练，国务院应急办领导给予"针对性强、协同性高、技术先进、社会效果好"的评价。此外，依靠该平台，重庆市成功处置了多起环境突发污染事故，如四川锰渣污染涪江事件、"3·1"沙坪坝凤凰溪水污染事故、"4·25"大足县非法倾倒污染事件等，有效地支撑了三峡库区水环境风险管理。

PALIWAL R, SHARMA P, KANSAL A. 2007. Water quality modeling of the river Yamuna (India) using QUAL2E−UNCAS[J]. Journal of Environmental Management , (83) :1−14.

SHIN P, SONG Y, CHOI Y, PARK Y. 2009. Seoul (Korea) online water quality monitoring of drinking water[C]//World Environmental and Water Resources Congress, 1−9.

SIFAKIS N I. 1998. Quatitative mapping of air pollution density using Earth observations: a new processing method and application to an urban area[J]. International Journal of Remote Sensing, (19):3289−3300.

YANG M D, MERRY C J, Sykes R M. 1996. Adaptive short-term water quality forecasts using remote sensing and GIS[C]//AWRA Symposium on GIS and Water Resources, Fort Lauderdale, Florida, September 22−26.

邓良基 . 2002. 遥感基础与应用 [M]. 北京 : 中国农业出版社 .

侯鹏，杨锋杰，曹广真 . 2003. 遥感技术在南四湖水质监测方面的应用研究 [J]. 山东科技大学学报 (自然科学版), 22(3):22−25.

金贤锋，董锁成，周长进，等 . 2009. 中国城市的生态环境问题 [J]. 城市问题 , (9):5−10,23.

来雪慧，王小文，徐杰峰 . 2009. 西北地区东部中小城市发展的生态环境问题及对策 [J]. 水土保持通报 , (5):206−211.

秦岩 . 1999. 城市生态环境问题初探 [J]. 开发研究 , (01):36−37.

谈明洪，吕昌河 . 2005. 城市用地扩展与耕地保护 [J]. 自然资源学报 , 20(1):52−58.

王爱华，姜小三，潘剑君 . 2008. CBERS 与 TM 在水体污染遥感监测中的比较研究 [J]. 遥感应用 , (2):46−50.

王学军，马廷. 2000. 应用遥感技术监测和评价太湖水质状况 [J]. 环境科学，21(6):65-68.

王耀庭，王桥，杨一鹏，等. 2005. 利用 Landsat/TM 影像监测北京地区气溶胶的空间分布 [J]. 地理与地理信息科学，21(3):19-22.

吴舜泽，周劲松，李云生，等. 2011. 国家环境保护"十一五"规划中期评估 [M]. 北京：中国环境科学出版社.

张林波，李伟涛，王维，等. 2008. 基于 GIS 的城市最小生态用地空间分析模型研究——以深圳市为例 [J]. 自然资源学报，23(1):69-78.

索 引
INDEX